电子信息科学与工程专业规划教材

Protel 99 SE & DXP

电路设计教程

（修订版）

王庆　主编

郑初华　周淇　赵珂　副主编

电子工业出版社

Publishing House of Electronics Industry

北京·BEIJING

内 容 简 介

本书由 Protel 99 SE、Protel DXP、实用附录、多媒体教学光盘四部分组成。

书中内容结合了作者多年的电子 CAD 设计应用、培训/认证、教学工作经验，详细介绍了 Protel 99 SE 原理图设计及技巧、层次原理图设计、DRC 设计校验、印制电路板 PCB 设计及技巧、网络表的生成和导入、各种报表文件的生成、库元件编辑器的使用及原理图、电路板的元件设计制作、电路板参数的基本设置、信号完整性分析和仿真分析、由 Protel 99 SE 基础迅速扩展到 Protel DXP 开发平台应用的基本技巧。

本书注重工程实用，并配有专业级交互式多媒体教学光盘，全程语音详细讲解 Protel 99 SE，读者可通过交互式教学光盘边学边练，轻松而快速地掌握 Protel 电路设计技术。

本书适合作为高等学校电子电气类各专业本科生 CAD、EDA 课程教材，同时也可作为高职同类专业课程教材，以及初中级以上的 Protel 用户及广大电路设计人员的培训教材。

图书在版编目（CIP）数据

Protel 99 SE ＆ DXP 电路设计教程 / 王庆主编. —修订本. —北京：电子工业出版社，2011.3
电子信息科学与工程专业规划教材
ISBN 978-7-121-12963-6

Ⅰ. ①P… Ⅱ. ①王… Ⅲ. ①印刷电路－计算机辅助设计－应用软件，Protel 99 SE－高等学校－教材②印刷电路－计算机辅助设计－应用软件，Protel DXP－高等学校－教材 Ⅳ. ①TN410.2

中国版本图书馆 CIP 数据核字(2011)第 024615 号

策划编辑：陈晓莉
责任编辑：陈晓莉
印　　刷：三河市鑫金马印装有限公司
装　　订：
出版发行：电子工业出版社
　　　　　北京市海淀区万寿路 173 信箱　邮编　100036
经　　销：各地新华书店
开　　本：787×1092　1/16　印张：15.25　字数：390 千字
印　　次：2011 年 3 月第 1 次印刷
印　　数：4000 册　定价：33.00 元（含光盘 1 张）

前　言

EDA（Electronic Design Automation，电子设计自动化）是指以计算机为工作台，融合了应用电子技术、计算机技术、智能化技术最新成果而研制的电子 CAD 通用软件包。EDA 是现代电子产品设计开发的核心技术，主要能帮助电子工程师进行三方面的设计工作：电子电路设计及仿真，PCB 设计，可编程 IC 设计及仿真。Protel 设计系统是世界上第一套将 EDA 设计环境引入 PC 机 Windows 环境的 EDA 开发工具，该软件功能强大，人机界面友好，易学易用，使用该软件设计者可以容易地设计电路原理图、画元件图、设计电路版图、画元件封装图和电路仿真。Protel 也是目前各电子设计公司及大专院校首选的 EDA 设计系统。Protel DXP 是继 Protel 99 SE 之后的最新版本。

本书由 Protel 99 SE、Protel DXP、实用附录、多媒体教学光盘四部分组成。适合作为本科电子类各专业电子 CAD、EDA 课程教材，同时也可作为高职高专教材、初中级以上的 Protel 用户及广大电路设计人员的培训教材。

本书注重工程实用。书中内容结合了作者多年的电子 CAD 设计应用、培训/认证、教学工作经验，为初学者尽快掌握这一设计技术提供了方便。本书主要内容：第 1～5 章详细介绍了 Protel 99 SE 的基本使用，针对初学者能很快地上手，主要讲述了 Protel 99 SE 的体系结构以及设计管理器的使用和定制，原理图元件的查找与管理，原理图的设计及技巧，DRC 设计校验，文件的创建与使用，网格表的生成和导入，印制电路板的生成，以及各种报表文件的生成等内容。第 6～8 章系统介绍了原理图绘制的典型技巧，全局编辑功能的使用，零件自动编号，绘制层次原理图；详细描述 PCB 板的设计及技巧，PCB 板的制作的一些提高知识。第 9 章详细介绍了原理图、电路板的元件设计制作，库元件编辑器的使用，集成元器件库的编辑等。第 10 章详细介绍了 Protel 99 SE 电路仿真的基本过程，仿真电路原理图的设置，仿真元件的创建和仿真波形分析器的使用等内容。第 11 章详细介绍了 Protel 99 SE 信号完整性分析工具和波形分析器的使用。第 12 章详细介绍了 Protel 99 SE 电路板参数的基本设置。第 13 章介绍了由 Protel 99 SE 基础迅速提升到 Protel DXP 开发平台的基本用法。附录 A 为常用原理图中元器件和对应的 PCB 图封装的查询列表。附录 B 为常用原理图元器件归类列表。附录 C 为常用 PCB 封装元器件归类列表。附录 D 为菜单命令和快捷键列表。附录 E 为印制电路设计基础。

本书配以专业级交互式多媒体教学光盘，全程语音详细讲解 Protel 99 SE，读者可通过交互式教学光盘边学边练，轻松而快速地掌握 Protel 电路设计技术。

教学光盘特别给教师多媒体教学带来方便。教师根据需要对教学光盘各章节可任意选择，对讲解的图形放大、暂停、前进、后退，对讲解的要点提示行可移动到屏幕的任意位置或隐蔽，如教师需要作者可为您提供教学用电子文档。

修订版由王庆主编，对第一版书中的部分内容进行了补充，错误进行了修订，并计划编辑出版配套的上机实践指导教材。邱玉兰、蒋廷桢、林勇、吴永忠、陈鉴平、廖云、于丽娜、陶仁义等同志也参加了部分章节的编写和多媒体教学光盘的制作，黄同奇、徐洪锋、葛缓、夏威等同志参加了本书的修订，在此，对曾给本书提供参考及帮助的同志一并表示感谢。书中难免有不足之处，望各位朋友多提宝贵意见。

E-mail:nhwangqing@163.com　　　联系电话：（0791）18970993016

编者

2011 年 1 月

目　　录

第 1 章　原理图设计

Protel 99 SE 是 Protel Advanced Schematic 99 SE 的简称。它是 EDA 系统中的主要设计工具之一，用于进行电子产品的电路原理图设计。

原理图设计的主要步骤有：

- 设置原理图设计环境
- 放置元件
- 原理图布线
- 编辑与调整
- 检查原理图
- 生成网络表
- 打印输出

1.1　进入原理图设计环境

1.1.1　原理图设计环境的进入

打开 Protel 99 SE 之前，请把计算机显示器的分辨率调到 1024×768，双击桌面上的 Protel 99 SE 快捷方式，进入 Protel 99 SE 设计视窗。单击"File→New"菜单命令，在出现的"New Design Database"（新建设计数据库）对话框中输入文件名（参见图 1-1（a）），单击 OK 按钮出现如图 1-1（b）所示界面。双击 Documents，单击"File→New…"，在出现的对话框中选择 Schematic Document(建立原理图设计文件夹)，单击 OK 按钮。双击 Sheet1.Sch（参见图 1-2），进入原理图设计环境（参见图 1-3）。

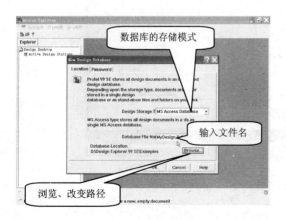

（a）Protel 99 SE 设计视窗

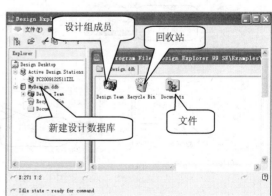

（b）新建的设计数据库界面

图 1-1　Protel 99 SE 初始视窗界面

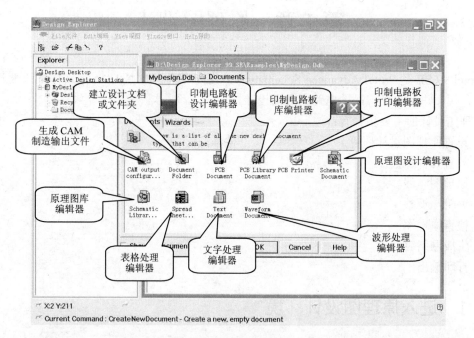

图 1-2　原理图设计文件夹

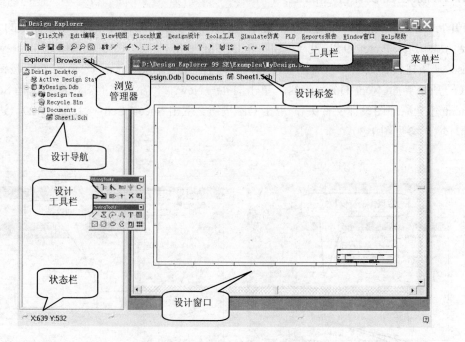

图 1-3　原理图设计环境

1.1.2　原理图设计环境的设置

设计环境的设置需要使用"Design→Options"菜单命令和"Tools→Preferences"菜单命令。

1. 设置图纸、栅格和标题栏

"Design→Options"菜单命令用于纸型、栅格和标题栏等内容选项的设置。选择该菜单命令就可以进入原理图设计环境设置窗口，如图1-4所示。

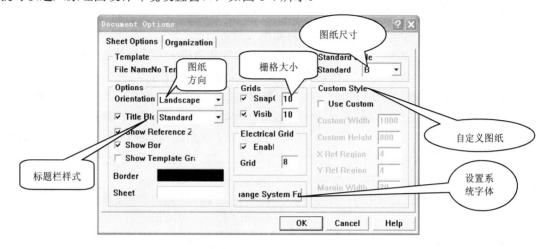

图 1-4 原理图设计环境设置窗口

（1）Sheet Options 页面（图1-4），用于设置图纸尺寸、栅格等内容。

① 图纸尺寸设置（Standard Style），一般情况使用国际认可的图纸尺寸。如：A4、A3、A、B、C、D、E等。

② 自定义图纸（Custom Style），可设置图纸的尺寸、图纸边框的分度和边框的宽度。其中包含如下选项。

Custom Width：图纸宽度。

Custom Hight：图纸高度。

X Ref Region：水平方向分度。

Y Ref Region：垂直方向分度。

Margin Width：图纸边框宽度。

Protel 99 SE 中使用的尺寸是英制的，其与公制之间的关系如下：

1 inch = 2.54 mm；1 inch = 1000 mil；1 mil = 0.0254 mm；1 mm = 40 mil

③ 设置图纸方向（Orientation），有两个选项。

Landscape：水平方向。

Portrait：垂直方向。

④ 设置标题栏（Title Block），有两个选项。

Standard：标准标题栏。

ANSI：美国国家标准协会标题栏。

⑤ 设置图纸边框，此设置分三个选项。

Show Reference Zone：显示一个具有分度的边框。

Show Bor：显示边框。

Show Template Graphics：显示模板。

⑥ 设置图纸颜色，该设置有两种选项，设置的方法是双击颜色显示框。

Border：边框颜色。

Sheet：图纸颜色。

⑦ 设置系统字体（Change System Font）。设置方法同 Word 等软件。该设置只对元件中的引脚号、引脚名和电源地线标记等有效。

⑧ 设置栅格（Grids），栅格设置分为如下三类。

Snap Grid：捕捉栅格。元件和线等图像只能放置在栅格上。默认值为 10mil。

Visible Grid：可视栅格。屏幕显示的栅格，默认值为 10mil。

Electrical Grid：电气捕捉栅格。它可以使连线的线端和元件引脚自动对齐。连线一旦进入电气捕捉栅格的范围，就会自动与元件引脚对齐，并显示一个大黑点。该黑点又叫做电气热点。

三类栅格之间的关系是，可视栅格主要用于显示，帮助画图者确认元件的位置；捕捉栅格用于将元件、连线放置在栅格上，使图形对齐好看、容易画图；电气捕捉栅格用于连线，一般要求捕捉栅格的距离大于电气捕捉栅格的距离。

有时放置文字时，由于位置的任意性，不需要把文字放在栅格上时，就应该去掉捕捉栅格。

可使用"View/Visible Grid"菜单命令，打开或关闭可视栅格。

可使用"View/Snap Grid"菜单命令，打开或关闭捕捉栅格。

可使用"View/Electrical Grid"菜单命令，打开或关闭电气捕捉栅格。

（2）Organization 页面（图 1-5）。

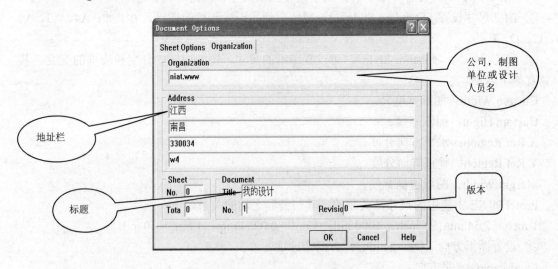

图 1-5　Organization 页面

该页面的各个栏中输入的内容可以自动地填入到标题栏或者需要填入的地方。方法是，首先在该页面中的各个输入栏中输入相应内容，然后在标题栏中需要填入这些内容的地方用输入字符串命令（place/text）输入一个特殊字符串，部分特殊字符串就是该页面中的栏目标题，例如：这些特殊字符串是否显示还取决于菜单命令 Tool→Preferences 打开的图形编辑页面（Graphical Editing）中的选项"Convert Special String"是否已被选择。选择后显示如图 1-6 所示。

2. 设置原理图和图形编辑环境

Tool→Preferences 菜单命令用于设置原理图和图形编辑环境。单击此菜单命令后，弹出"Preferences"对话框，如图 1-7 所示。

Title			
我的设计			
Size	Number		Revision
A4	1		0
Date:	1-Jan-2011	Sheet of	
File:	D:\Design Explorer 99 SE\Examples\NIAT .ddb	Drawn By:	

图 1-6　特殊字符串的显示

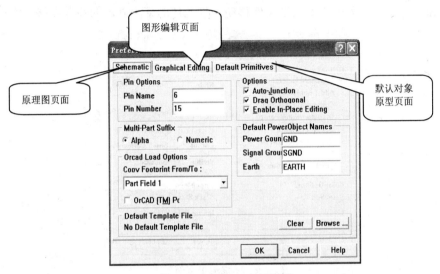

图 1-7　Preferences 对话框

（1）Schematic 页面（图 1-7），即原理图页面，设有 4 个区域和如下的一些设置。

① Pin Options 区域，用于与引脚有关的设置。

Pin Name：用于设置引脚名称与元件边沿之间的距离，距离单位是 0.01 inch。

Pin Number：用于设置引脚号与元件之间的距离，距离单位是 0.01 inch。

② Options 区域，用于导线交叉点与导线拖动设置。

Auto-Junction：自动放置结点，选择该选项后自动放置导线交叉点的结点。

Drag Orthogonal：正交方式拖动，用于设置导线拖动的方式，选择该选项后，就只能在水平或垂直两个方向拖动连线。

③ Multi-Part Suffix 区域，用于设置多元件芯片的元件序号。

Alpha：用英文表示多元件芯片的元件序号。

Numeric：用数字表示多元件芯片的元件序号。

④ Default PowerObject Names 区域，用于设置当前地线的名称。

Power Ground：电源地。

Signal Ground：信号地。

Earth：大地。

（2）Graphical Editing 页面（图 1-8），即图形编辑页面，设有 5 个区域和如下的设置。

① Options 区域，主要是在剪贴板上完成对图纸的一般编辑操作。

Clipboard Reference：剪贴板参考点。在复制或剪切过程中，需要用鼠标选定复制或剪切的参考点。方法是选定复制或剪切的对象后，选择"Edit→Copy"或"Edit→Cut"菜单命令，然后用鼠标单击被选择的对象。选定剪贴板参考点后，当用"Edit→Paste"菜单命令粘贴时，被粘贴的物体会随光标一起移动。

Add Template to Clipboard：将图纸模板复制到剪贴板。用 Copy 或 Cut 命令，将全部图纸复制到剪贴板中。若需要复制图纸中某些对象时，请不要选此项。

Convert Special String：转换特殊字符串。将特殊字符串的内容显示出来。

Display Printer Fonts：显示打印字体。按照打印机中的字体显示图中的字符。

Center of Object：对象中心，用于元件移动。以元件的某个固定的参考点移动元件。

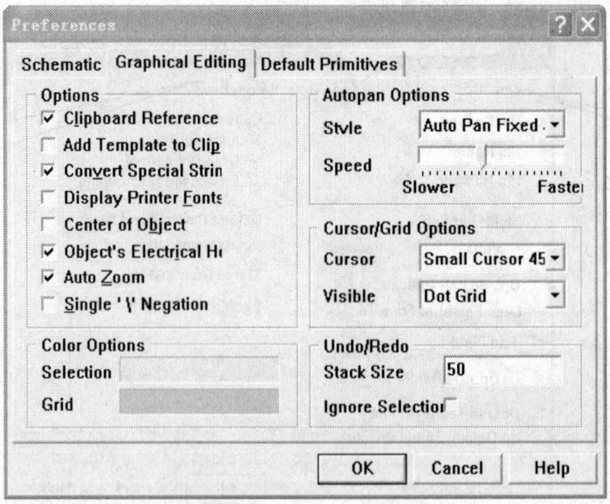

图 1-8　图形编辑页面

Object 's　Electrical Hot Spot：对象元件热点自动对齐。连线与引脚自动对齐功能，对齐后显示一个大黑点。

Auto Zoom：显示比例自动调整。如，当用跳转命令寻找某一元件时，自动调整显示比例显示该元件。

② Color Options 区域，用于有关颜色的设置。

Selection：被选择对象的颜色。

Grid：栅格的颜色。

③ Undo/Redo 区域，设置画错图后可以撤销的次数。

Stack Size：输入撤销的次数。

④ Cursor/Grid Options 区域，设置光标和栅格。

Cursor：选择光标的类型，有以下 3 个选项。

● Large Cursor 90：大十字形。

● Small Cursor 90：小十字形。

● Small Cursor 45：45°斜线。

Visible：设置栅格的类型，有两个选项。

● Dot：点状栅格。

● Line：线状栅格。

⑤ Autopan Options 区域，设置当鼠标到达图纸边沿时如何自动移动图纸。其中 Style 下拉列表包括如下选项。

Auto Pan off：取消自动移动图纸。

Auto Pan Fixed Jump：按设置的步距移动图纸。

Auto Pan Recenter：当光标移动到图纸边沿时，自动将光标处显示为窗口中心。

Speed：在该调整框中这种自动移动图纸的速度。

（3）Default Primitives 页面，即为默认对象原型页面。

在该页面中，可以对所有对象的属性进行更改或恢复默认值。建议初学者不要去更改。例如，在此可以设置字符串（TEXT）的尺寸和字型。一旦设置，在使用 TEXT 输入字符串时就按照已设置尺寸和字型显示。

在默认对象原型页面中，各个按钮的说明如图 1-9 所示。

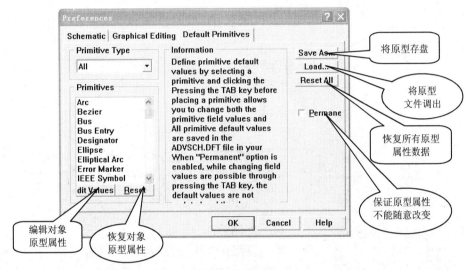

图 1-9　默认对象原型页面

1.2　放置元件

元件是原理图中最重要的元素之一，绘制一张原理图，首先接触到的就是如何从原理图元件库 SCH.LIB 中调入并且放置元件，而载入元件首先要装入它所在的库文件。常用的原理图元件库有：Miscellaneous Devices.ddb（基本分立元件库，包含电阻、电容、接插件等），Protel DOS Schematic Libraries.ddb（常用 DOS 元件库），Sim.ddb（仿真元件库，进行电路计算与仿真必须调用该库元件），Spice.ddb（Spice 仿真元件模型库）等，如图 1-10 所示。

1.2.1　利用元件库管理器放置元件

放置元件的方法有两种，一种是利用元件库管理器，另一种是利用菜单命令。

1. 元件库管理器

单击屏幕左侧设计管理器的 Browse Sch 标签，进入元件库管理器，如图 1-11 所示。它用于管理、观察和选择元件，上半部分为库浏览部分，下半部分为元件浏览部分。（注：显示器分辨率低于 1024×768 时，将显示不完全。）

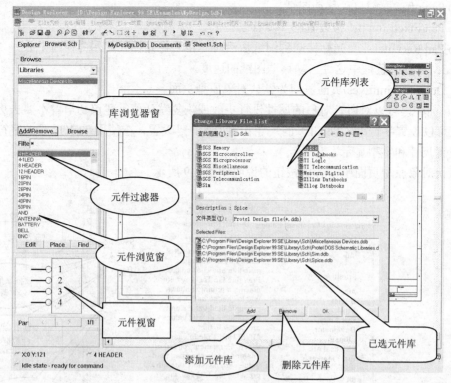

图1-10 原理图元件库

图1-11 元件库管理器

（1）库浏览部分

库浏览部分中有一个选择框，一个库浏览框和一个 Add/Remove 按钮。在选择框的下拉列表中选择"Libraries"，则库浏览框中即显示当前装入的所有元件库名。"Add/Remove…"按钮用于装入或移出元件库。"Browse…"按钮用于进入大窗口浏览形式的元件库管理器。

（2）元件浏览部分

它有一个元件过滤器（Filter）和元件浏览框。在元件过滤器中输入所要选择的元件名部分特征字符串，字符不详的位置用"*"代替，可使元件浏览框中只显示当前库中带该特征字符串的元件名。若在元件过滤器中只输入"*"，则元件浏览框中显示当前库的所有元件名。

2．利用元件库管理器放置元件的基本步骤

以放置二极管为例。

（1）选择所需元件库文件

单击元件库管理器中的按钮"Add/Remove…"弹出"Change Library File List"对话框如图1-12所示，利用搜寻下拉列表与浏览框配合设置路径。选择所需库文件"Miscellaneous Devices.ddb"，单击"Add"按钮，即将选定的元件库装入，最后单击"OK"按钮关闭对话框。

（2）选定元件所属元件库

对将要放置的二极管，在库浏览框中选定 Miscellaneous Devices.ddb 作为当前库。

（3）选定元件

在元件过滤器中输入"D*"且按 "Enter"键，在浏览框中将列出所有带"D"字母开头的元件，鼠标选中元件 Diode。

（4）放置选中的元件

单击"Place"按钮，移动元件到图纸适当位置（注意：通常此时再按下"Tab"键，对元件的封装、标号、型号等属性进行设置，详见1.4 节），单击左键将元件放置在图纸上。

1.2.2 利用菜单命令放置文件

1. 改变当前库设置

执 行 菜 单 命 令 ：" Design → Add/Remove Library"，弹出"Add/Remove Library"对话框，然后按前一小节的方法将元件库装入。

图 1-12 选择元件库文件窗口

2. 执行放置元件命令

执行菜单命令"Place→Part"，弹出"Component Library Reference"对话框，输入"DIODE"后，单击"OK"按钮，即可放置元件。然后，单击"Cancel"按钮退出放置元件命令。

1.2.3 利用"Digital Object"工具栏放置元件

对于常用的数字元件，Protel 99 SE 提供了"Digital Object"工具栏，以方便用户使用。执行菜单命令"View→Toolbars→Digital Objects"，打开"Digital Object"工具栏，然后单击所要放置的元件符号即可。

注意：当一个元件放置好后，系统将自动从"放置元件"的命令模式里退出。因此，每次单击常驻工具栏里的元件符号，只可能放置一个元件。

1.3 元件位置的调整

要获得一张布局合理、令人满意的原理图，往往需要对元件的位置进行调整。对元件调整的操作有：移动元件、旋转元件和元件选择的撤销等。下面一一进行介绍。

1.3.1 单个元件的移动

方法一：直接使用鼠标选中并且移动目标。将鼠标指针对准所要移动的元件，单击左键且保持按下状态，即可移动元件。

方法二：使用菜单命令"Edit→Move→Move"后，选中并且移动目标。执行命令后，光标变为十字形，然后单击所要移动的元件，即可移动元件。

1.3.2　多个元件的移动

在元件的调整中，经常需要移动多个元件。Protel 99 SE 提供了多种移动方式。

1．利用逐次选择同时移动元件

（1）执行菜单命令"Edit→Toggle Select"，光标变为十字形。

（2）选中目标。将十字光标移到目标元件上，依次单击各个元件。

（3）移动目标。执行菜单命令"Edit | Move | Move Select"，将光标移到选中的元件之一，单击左键，然后移动光标到合适的位置后再单击左键即可。

2．利用鼠标同时选择并且移动多个元件

在目标区的左上角单击左键并且保持按下状态,拖光标至目标区右下角后，松开鼠标左键，这样由鼠标拖动产生的矩形框内所有被完全框选的元件即被选中。单击其中任一个选中元件并且保持按下状态，拖到适当位置松开鼠标左键，即完成多个元件的移动。

3．利用菜单拖动带导线的元件

执行菜单命令"Edit→Move→Drag Selection"，将光标移到带导线的元件上，单击左键即可实现同时移动元件及其导线。

1.3.3　元件的旋转

有时元件放置的方向需要调整，就要对其旋转。首先选中元件，单击鼠标左键并保持按下状态，单击空格键可使元件作 90°旋转，单击 X 键可使元件左右翻转，单击 Y 键可使元件上下翻转。

1.3.4　元件选中状态的撤销

当元件被选中并进行位置调整后，需将其选中状态撤销，以进行其他编辑和调整工作。

1．撤销选定区域以内的元件选中状态

执行菜单命令"Edit→Deselect→Inside Area"，将光标移到区域的左上角，单击左键，然后移动光标到区域的右下角，单击左键。这时所有被选中元件的选中状态将被撤销。

2．撤销选定区域以外的元件选中状态

执行菜单命令"Edit→Deselect→Outside Area"，将光标移到区域的左上角，单击左键，然后移动光标到区域的右下角，单击左键。这时虚框以外被选中元件的选中状态将被撤销。

3．撤销所有元件的选中状态

执行菜单命令"Edit→Deselect→All"，所有选中元件的选中状态将被撤销。通常使用工具栏中的图标，清除被选择对象。

1.4　编辑元件的属性

有的元件属性不明确，这将给用户在阅读原理图时带来不便，更重要的是会给网络表的产生带来障碍，因此影响印制电路板的绘制。例如，元件的封装（即与原理图元件相对应的 PCB 库中的元件，在 PCB 库中的元件又称为封装，它又与元件的实物安装尺寸相对应。见第 9 章）。为此，用户还必须对元件的属性进行编辑。

1.4.1 元件整个属性的编辑

执行菜单命令"Edit→Change"，将十字光标移到已经编辑的元件处，单击左键。此时弹出 Part 对话框。

（1）Attributes 选项卡，如图 1-13 所示。此选项卡为元件的属性选项，其中选项如下。

Lib Ref：库参考名（不允许修改）。

Footprint：元件封装（与电子元件的实物大小相对应的 PCB 元件）。

Designator：元件标号（用户对该元件的命名、编号）。

Part Type：元件型号。

Part：零件序号（注明此零件属于该标号元件中的第几部分）。

Selection：定义元件处于选取状态。

Hidden Pins：显示隐藏的元件引脚。

Hidden Fields：显示隐藏的元件数据栏。

Field Name：显示隐藏的元件数据栏名称。

（2）Graphical Attributes 选项卡如图 1-14 所示，其各功能是对元件图形状态进行描述，具体各选项如下。

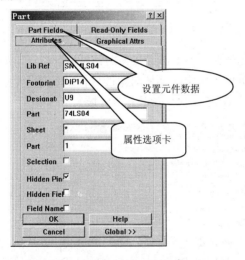

图 1-13　Part 对话框

图 1-14　Part 对话框

Orientation：元件方向。

Mode：图形模式选择（可选择的模式有标准模式、De Morgan 模式和 IEEE 模式）。

X-Location：X 方向位置。

Y-Location：Y 方向位置。

Fill Color：填充颜色。

Line Color：轮廓线颜色。

Pin Color：引脚颜色。

Local Color：将颜色设置应用于元件。

Mirrored：元件镜像。

（3）Part Fields 选项卡如图 1-15 所示。可在这些数据栏中写入数据和文字。这些数据和文字可以用于仿真和显示。

（4）Read-Only Fields 选项卡如图 1-16 所示。功能是设置元件的只读属性，其中的文字不能修改。

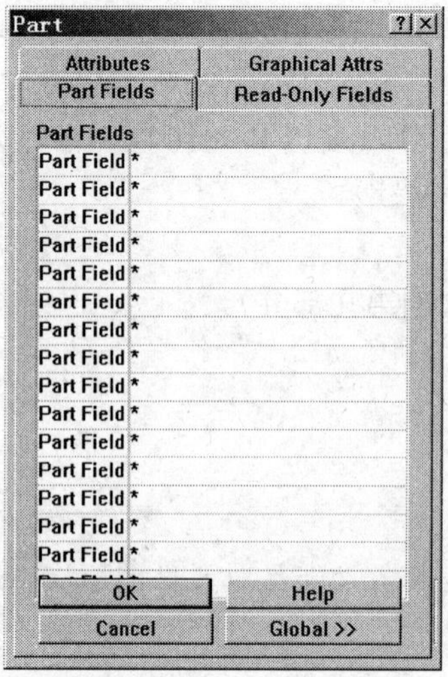

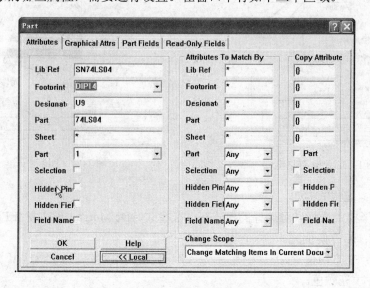

图 1-15　Part 对话框 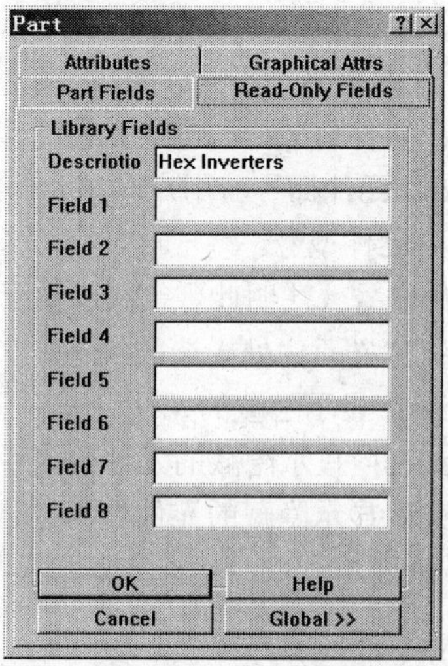　　　　　　图 1-16　Part 对话框

（5）Global 按钮，每一个选项卡中都有此按钮。当单击该按钮时，显示一个窗口如图 1-17 所示。该按钮的功能是在修改本对象属性的同时，也修改其他对象的属性。但究竟个性化哪些对象，修改对象的哪些属性，需要进行设置。在窗口中有如下三个区域。

图 1-17　Part 对话框

① Attributes to Match By 区域：用于设定修改属性对象的选择条件。就是说，若对象符合

这些条件，其属性就会得到修改。其中有"＊"的项目需要输入选择条件，若不输入条件就认为是所有选择条件都吻合。具有下拉列表框的项目需要单击右边的小箭头进行选择，其中 Any 表示该项目所有选择条件都满足，Same 表示该项目相同才满足选择条件，Different 表示项目不相同才满足选择条件。

② Copy Attributes 区域：其功能是设定需要修改的属性，就是把本对象的哪些属性复制给符合条件的对象。其中大括号中的内容需要输入，例如，对于 Part Type 项，若要把 LM741 改为 LL741，就需要在大括号中输入"LM=LL"。若不输入，就表示该项目不需要修改。对复选框中的项目，则是选择哪一个项目就修改哪一个项目的属性。

③ Change Scope 区域：其功能是设定修改属性的范围。其中 Change This Item Only 设定修改属性的范围只是本元件自己。Change Matching Item In Current Document 设定修改属性的范围为本原理图。Change Matching Item In All Documents 设定修改属性的范围为所有原理图。

需要指出的是，每个对象属性都不相同，各有各的特点。一般需要修改的是基本属性。例如，常要修改的是各个元件的封装。当要把多个电阻的封装都修改为 AXIAL0.4 时，就需要在 Copy Attributes 区域的 FootPrint 项目中输入 AXIAL0.4(去掉大括号)。然后在 Attributes to Match By 区域中的 Lib Ref 项目中输入 RES2*。这样，库参考名为 RES2 的电阻封装都被修改为 AXIAL0.4。

在图形属性选项卡中可对元件的方向，样式，颜色，边线和引脚颜色进行编辑。

要编辑元件的属性也可以直接双击该元件来编辑该元件的属性。

1.4.2　元件部分属性的编辑

元件原型号部分为 CRYSTAL，如图 1-18 所示，希望改为 5.00MHz。

将光标移到晶振的型号标注 CRYSTAL 上，然后双击该标注，然后出现"Part Type"对话框，在"Type"选项框中输入"5.00MHz"。若用户对元件属性所显示的字体不满意，可单击对话框中的"Change"按钮，在弹出的字体对话框中对字体进行编辑，单击"OK"按钮，即完成编辑。

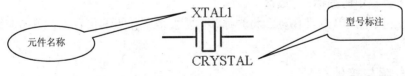

图 1-18　元件 XTAL1

1.4.3　元件的删除

1．删除一个元件

删除一个元件有两种方法，分别如下。

（1）利用菜单命令：执行菜单命令"Edit→Delete"，然后单击想要删除的元件即可。

（2）利用快捷键：首先，选中要删除的元件。按住鼠标左键，拖动鼠标把要删除的元件框住，即选中。然后，按"Shift+Delete"键；此时光标变成十字形，单击元件即可。

2．删除多个元件

（1）利用菜单命令：框选多个想要删除的元件，执行菜单命令"Edit→Clear"，单击框选元件之一即可将选中的多个元件删除。

（2）利用快捷键：框选多个想要删除的元件，按住"Shift+Delete"键，光标变成十字形，单击其中任一元件即可。

1.5　原理图布线

1.5.1　绘制导线

1．执行菜单命令"Place→Wire"

执行命令后，光标变为十字形，将光标移到画线的起点处，单击左键确定导线的起点，然后移动鼠标拖动线头，在转折处单击左键确定导线的位置，每转折一次单击左键一次。移到终点后，单击左键确定导线的终点，再单击右键完成一条导线的绘制。用同样的方法绘制其他导线，绘制完后单击右键退出画导线命令状态。

2．利用图标 ≈ 绘制导线

打开绘图工具栏，单击≈图标，然后按以上步骤绘制导线。此时，每绘制一根导线要单击一次图标。

1.5.2　放置结点

所谓线路结点是表示两交叉导线电气上相通的符号。对于没有结点的两交叉导线，系统认为两导线在电气上是不相通的。这时就要放置结点使它们在电气上相通。放置结点有两种方法：

1．利用菜单命令放置

执行菜单命令"Place→Junction"，将光标移向需要放置结点的位置上，单击左键即可。这样可以放置多个结点。单击右键可以退出放置结点命令。

2．利用工具栏中的图标 ┭ 放置

打开连线工具栏，单击┭图标，将光标移向需要放置结点的位置上，单击左键即可，这样可放置单个点。

1.5.3　电源与接地符号

电源与接地符号的放置同样有两种方法：

执行菜单命令"View→Toolbars→Writing Tools"，或单击图标 ≑。按"Tab"键弹出"Power Port"对话框（图 1-19）。网络标号（Net）设为 VCC，形状（Style）设置为 Bar 外形。设置完后单击"OK"按钮，再将光标移向想要放置的位置后单击左键。最后，单击右键退出放置命令。

1.5.4　放置 I/O 端口

将一个电路与另一个电路连接在一起，除可利用实际的导线将其连接外，还可通过制作 I/O 端口，使这些端口具有相同的名称，这样就可以将它们视为同一网络或者认为它们在电气关系上是相互连接的。

执行菜单命令"Place→Port"，按"Tab"功能键，系统弹出 Port 对话框（如图 1-20 所示），设置该对话框中如下几个主要选项。

I/O 端口的名称（Name）：可自拟。

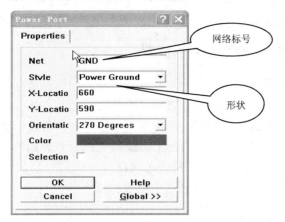 

图 1-19　Power Port 对话框　　　　　　　图 1-20　Port 对话框

端口的外形（Style）：是指其端口的箭头指向，共有如下 8 种选项。

None[Horizontal]：水平方向没有箭头。

Left：箭头水平向左。

Right：箭头水平向右。

Left&Right：箭头水平方向左右都有。

None[Vertical]：垂直方向没有箭头。

Top：箭头垂直向上。

Bottom：箭头垂直向下。

Top&Bottom：箭头上下方向都有。

端口电气特性（I/O Type）：设置端口的电气特性，它会为电气法则测试提供一些依据。端口的类型共有 4 种（Unspecified：未指明或不确定，Input：输入端口型，Output：输出端口型，Bidirectional：双向型）。

端口形式（Alignment）：端口形式与端口类型是不同的概念。端口形式仅用来确定 I/O 端口的形式，有三种（Center，Left，Right）。

其他项设置：包括 I/O 端口的宽度、位置，边线的颜色，以及文字标注的颜色等。

设置完后，单击"OK"按钮，就可对其进行放置。放置完后，单击右键退出命令状态。

1.5.5　画总线与画总线分支

总线就是用一条线来表达数条并行的导线，这样做可以简化原理图图面，也有助于读图。使用总线代替一组导线，通常需要与总线分支线和网络标号配合使用。

1．总线的绘制

执行菜单命令"Place→Bus"，或者直接在画图工具栏中单击 ▚ 图标。将光标移到要画总线的合适位置单击左键确定总线的起点，移动光标，在需要转折处单击鼠标左键确定绘制一段总线；当到总线的末端时，单击左键加以确认。

2．总线分支线的绘制

执行菜单命令"Place→Bus Entry"，或者直接在画图工具栏中单击 ▚ 图标。出现带有分支线"/"或"\"的十字光标，若要改变分支线的方向只需按空格键即可。将光标移到适当的位置单击左键即可将它们粘贴上去，单击右键即可退出命令状态。

图1-21　网络标号对话框

1.5.6　网络标号的放置

网络标号是一个电气连接点。具有相同网络标号的电气连接线、引脚及网络，表明是连接在一起的。执行菜单命令"Place→Net Label"，光标变为十字形，并且带一虚线框，按"Tab"键，弹出"Net Label"（网络标号）属性对话框，如图1-21所示。"Net"栏输入网络标号（自定）后，单击"OK"按钮，放置网络标号到适当位置即可。

1.6　图形的绘制与添加文字

在电路原理图中，除了元件、导线和总线等元素外，有时需要制作一些不具有电气含义的图形和文字，如边框、表格、坐标线、信号波形等。ADV SCH 99 SE中配备了画图工具栏。

1.6.1　基本图形绘制

1．画直线

执行菜单命令"Place→Drawing Tools→Line"，将光标移到需要画线的位置，单击左键确定起点，移动鼠标，在转折处单击左键，到末端再单击左键确定终点。

2．画多边形

执行菜单命令"Place→Drawing Tools→Polygon"，将光标移到适当位置单击左键确定多边形起点1，按顺时针方向单击其他几点，再单击右键，即可完成多边形绘制。双击多边形还可对其属性进行编辑。

3．画椭圆弧线

执行菜单命令"Place→Drawing Tools→Elliptical Arcs"，将光标移到适当位置，单击左键确定椭圆弧线中心；移动鼠标到左边顶点单击左键，确定椭圆弧线的 X 轴半径；移动鼠标到上方顶点单击左键，确定椭圆弧线的 Y 轴半径；最后依次确定椭圆弧线的起点和终点，椭圆弧线即完成绘制。双击椭圆弧线还可对其属性进行编辑。

4．画贝塞尔曲线

执行菜单命令"Place→Drawing Tools→Beziers"，移动光标到适当位置单击左键，确定曲线的起点；移动鼠标到另一点单击左键，确定与波形相切的交点位置；移动鼠标并且双击左键确定曲线的终点，单击右键完成曲线的绘制。

以上几种基本图形的绘制都可以在画图工具栏中直接选取。

1.6.2　添加文字和放置文本框

1．添加文字

执行菜单命令"Place→Annotation"，或者单击画图工具栏中的 **T** 图标。单击"Tab"键弹出"Annotation"对话框（图 1-22）。在"Text"栏中输入所要求的文字，单击"OK"按钮，放置文字到适当位置即可。

2．放置文本框

执行菜单命令"Place→Text Frame"，或者单击画图工具栏中的▥图标，光标变为十字形，按"Tab"键弹出 Text Frame 对话框（如图 1-23 所示）。单击"Text"栏的"Chang…"按钮，弹出"Edit Frame Text"对话框，在对话框中输入所要求的文字后，单击"OK"按钮退出。然后可对字体的大小、字型、效果等参数进行设置，设置后单击"OK"按钮。移动光标到适当位置，单击左键，确定文本框的左上角；移动鼠标以确定文本框的右下角，最后单击左键将文本框放在适当位置。

图 1-22　Annotation 对话框

图 1-23　Text Frame 对话框

1.7　图件的排列与对齐

Protel 99 SE 提供一系列排列功能和对齐功能，它可以极大地提高用户的工作效率，这些功能适合于各种图件。

1．图件的左对齐
首先框选元件，然后执行菜单命令"Edit→Align→Align Left"。
快捷键：Ctrl+L。

2．图件的右对齐
首先框选元件，然后执行菜单命令"Edit→Align→Align Right"。
快捷键：Crtl+R。

3．图件的顶端对齐
首先框选元件，然后执行菜单命令"Edit→Align→Align Top"。
快捷键：Ctrl+T。

4．图件的底端对齐
首先框选元件，然后执行菜单命令"Edit→Align→Align Bottom"。

快捷键：Ctrl+B。

5. 图件按水平中心线对齐

首先框选元件，然后执行菜单命令"Edit→Align→Center Horizontal"。

快捷键：Ctrl+H。

6. 图件垂直靠中对齐

首先框选元件，然后执行菜单命令"Edit→Align→Center Vertical"。

快捷键：Ctrl+V。

7. 图件水平均布

首先框选元件，然后执行菜单命令"Edit→Align→Distribute Horizontally"。

快捷键：Ctrl+Shift+H。

8. 图件垂直均布

首先框选元件，然后执行菜单命令"Edit→Align→Distribute Vertically"。

快捷键：Ctrl+Shift+V。

9. 图件同时做两排列或均布

首先框选元件，然后执行菜单命令"Edit→Align→Align"，弹出 Align objects 对话框（图 1-24），然后在对话框中进行设置即可。

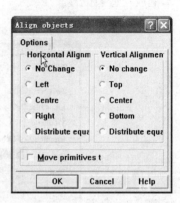

图 1-24　Align objects 对话框

小　结

1. 画原理图工具箱

原理图工具箱中各工具图标如图 1-25 所示。

原理图工具箱中各工具说明如下。

≈ Place/Wire：画连线

⊤⊦ Place/Bus：画总线

⊾ Place/Bus Entry：画总线入口

Net1 Place/Net Label：放置网络标号

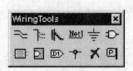

图 1-25　原理图工具箱

≑ Place/Power Port：放置地线/电源符号

⊸ Place/Part：放置元件

▭ Place/Sheet Symbol：画电路符号

▣ Place/Add Sheet Entry：放置电路符号中的端口

◨▷ Place/Port：放置电路输入 / 输出口

�ⵁ Place/Junction：放置连线连接点

✘ Place/Directives/No ERC：设置忽略电气检查规则标记

🄟 Place/Directives/PCB Layout：放置 PCB 布线指示符

2. 原理图绘图工具箱

原理图绘图工具箱中各工具图标如图 1-26 所示。

原理图绘图工具箱中各工具说明如下。

/ （Line）：绘直线

⊠ （Polygons）：绘多边形

（Elliptical Arc）：绘椭圆弧

（Beziers）：绘曲线

T （Text）：放置文字

▦ （Text Frame）：放置文本框

▢ （Rectangle）：绘实心矩形

▢ （Round Rectangle）：绘圆角矩形

○ （Elliptical）：绘椭圆

◖ （Pie Chart）：绘圆饼

▣ （Graphic）：放置图片

▦ （Array Placement）：阵列粘贴

图 1-26　原理图绘图工具箱

3. 主工具栏中的常用按钮

主工具栏中各工具图标如图 1-27 所示。

图 1-27　主工具栏

主工具栏中各工具说明如下。

显示或隐藏设计管理器窗口

放大图纸

缩小图纸

放大到窗口

层次电路图层次切换

交差检索

剪切

粘贴

选择内部对象

清除被选择对象

移动被选择对象

绘图工具的显示与隐藏

画图工具的显示与隐藏

增加/删除元件库操作

增加多芯片器件的器件号

恢复

肯定

帮助

4．常用的编辑工具

（1）撤销操作。菜单命令"Edit→Undo"用于撤销错误操作。

（2）恢复操作。菜单命令"Edit→Redo"用于恢复操作。若撤销错了，可以使用该菜单命令恢复撤销的操作。

（3）剪切。菜单命令"Edit→Cut"将选择的对象剪切到剪贴板。一旦剪切完毕，图纸上就没有这个对象了。或者先选中要剪切的对象，按快捷键"Shift+Delete"即可。

（4）复制。菜单命令"Edit→Copy"将选择的对象复制到剪贴板。复制后，图纸上仍然有该对象。注意在"Tools→Preferences"菜单命令打开的"graphical Editing"标签中的"Add Template Clipboard"复选框，它可以决定是否将整张图纸复制到其他文字编辑软件中。

（5）粘贴。菜单命令"Edit→Paste"将剪贴板中的对象放到图纸上。注意在"Tool→Preferences"菜单命令打开的"graphical Editing"标签中的"Clipboard Reference"复选框，可以设置是否使用剪切参考点。

（6）阵列粘贴。菜单命令"Edit→Paste Array"用于阵列粘贴，就是将相同的对象按一定距离重复放置在图上。阵列粘贴步骤如下：首先将要粘贴的对象（元件、文字等）放进剪贴板中（假设将一个电阻放进剪贴板，先选择该电阻，再对该电阻剪切即可）；然后选择阵列粘贴工具，屏幕出现一个窗口；在窗口中设置粘贴数量（Ltem Count）、序号间隔数字（Text）、水平间隔（Horizontal）和垂直间隔（Vertical）；然后将鼠标移到合适位置，单击鼠标左键，即粘贴上去。

（7）删除对象。菜单命令"Clear"用于删除对象。方法是首先选择要删除的对象，然后选择此菜单将对象删除。

5．查找与代替

查找字符串。此功能可用来查找某一元件在原理图中的位置情况。菜单命令"Edit→Find Text"用于查找字符串。启动该命令后，屏幕出现如图1-28所示的对话框。

查找字符串步骤：

① 在Text to find对话框中输入想要查找的字符串。

② 在Scope区域中设定查找范围：在"Sheet"下拉列表框中选择原理图，在"Selection"下拉列表框中选择对象。

③ 在Option区域中设置是否在小写有区别（Case sensitive）或是否限制到网络标号（Restrict to Net Identify）。单击"OK"按钮，就可以查找了。

（1）替换找到的字符串。菜单命令Edit→Replace Text用于查找并替换字符串（图1-29）。除需要设置查找字符串设置的内容外，还要设置需要更换的字符串（Replace），并且设置替换时是否需要提示（Prompt on Replace）。

（2）查找下一个字符串。菜单命令Find Next用于查找字符串过程中寻找下一个字符串。

6．选择对象

（1）选择对象。菜单命令"Edit→Select"用于选择对象，使对象处于选择状态。

Inside Area：选取鼠标定义区域内的对象。

Outside Area：选取鼠标定义区域外的对象。

All：选取所有对象。

Net：选择网络。

Connection：选择导线。

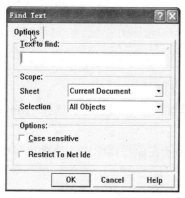
图 1-28　Find Text 对话框

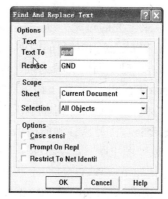
图 1-29　Raplace Text 对话框

（2）取消选择。菜单命令"Edit→Deselect"用于取消对象的选择状态有三个选项。

Inside Area：将选定区域内的选择去掉。

Outside Area：将选定区域外的选择去掉。

All：去掉所有的选择

（3）选择切换。选择菜单命令"Edit→Toggle Selection"，如果对象没有被选择，则可以用鼠标左键选择对象；若对象已被选择，则可以用鼠标右键取消选择。

7．操作对象

（1）删除对象。菜单命令"Edit→Delete"用于删除一个或一组对象。

（2）编辑对象属性。菜单命令"Edit→Change"用于更改对象属性。

（3）移动对象。菜单命令"Edit→Move"用于移动一个或一组对象。其中各选项说明如下。

Drag：拖动对象。

Move：移动对象。

Move Selection：移动选择的区域。

Drag Selection：拖动选择的区域。

Move to Front：将选择的对象显示在图的最上层，并且可以移动。

Bring to Front：将对象显示在上层。

Send to Back：将对象显示在下层。

Bring to Front of：将选取的对象放在其他对象之前。

Send to Back of：将选取的对象放在其他对象之后。

（4）对象的排列与对齐。菜单 Edit→Align 用于对象的排列与对齐。

选择菜单命令"Edit→Align→Align"，出现对话框。该对话框中有两个区域。

① Horizontal Alignment 区域：水平排列。该区域中的选项如下。

No Chang：水平方向不排列

Left：以最左边对象为准，向左对齐

Center：以最左、最右对象的中间为准，向中心对齐

Right：以最右边对象为准，向右对齐

Distribute Equally：在最左最右对象之间均匀分布

② Vertical Alignment 区域：垂直排列。该区域中的选项如下。

No Chang：垂直方向不排列。

Top：以最上面的对象为准，向上对齐。

Center：以最上最下对象的中间为准，向中间对齐。

Bottom：以最下面的对象为准，向下对齐。

Distribute Equally：在最上最下对象之间，均匀分布。

注意："水平排列"和"垂直排列"一般只能选择其一。同时一定要选择"Move Primitives to Grid"复选框，将对象移到栅格上。

（5）在原理图上跳转。菜单命令"Edit→Jump"用于在原理图中快速地跳跃到希望的位置。该命令中包括如下选项。

Jump to Error Marker：跳到错误标记。

Origin：跳到图纸原点。

New Location：跳到一个指定的位置，该位置通过坐标指定。

Location Mark1…10：跳到跳转 Set Location Marks 菜单标记的位置。

Set Location Mark：设置位置标记。

8．其他操作

（1）更改多元件芯片的元件序号。菜单命令"Edit→Increment part number"用于更改多元件芯片中元件的编号。其步骤为：启动本命令，然后单击多元件芯片中的元件，则该元件的编号将随着单击的次数不断地循环变化。

（2）对象统计列表。菜单命令"Edit→Expert to Spread"用于将原理图中所有元件和它们的属性以电子表格的形式统计。

9．窗口操作

（1）窗口最大化

View→Design Manager：隐藏与显示设计管理器窗口。

View→Status Bar：隐藏与显示状态栏。

View→Command Status：隐藏与显示命令状态。

菜单命令"Tool→Toolbar"用于隐藏与显示各种工具栏。工具栏包括如下选项。

Main Tools：主工具栏。

Wiring Tools：画图工具栏。

Drawing Tools：绘图工具栏。

Power Objects：电源地线。

Digital Objects：一些数字电路。

Simulation Source：输出模拟信号的信号源。

（2）窗口的拆分

有时候需要在屏幕上显示几个窗口，这就需要对窗口进行拆分。拆分的方法是用鼠标右键单击页面标签，弹出快捷菜单后选择菜单命令，该命令有如下选项。

Close：关闭当前窗口。

Split Vertical：将窗口水平方向分裂，显示多个页面。

Split Horizontal：将窗口垂直方向分裂，显示多个页面。

Tile All：将所有页面显示在窗口上。

Merge All：恢复单页面显示。

（3）区域放大操作

View→Fits Document：将原理图缩小到全屏幕。

View→Fit All Objects：将所有对象都显示在屏幕上。

View→Area：区域放大。将所定义区域放大，因此必须定义放大区域。

View→Around Point：基本同区域放大，但是以一点为中心的矩形区域。

（4）百分比放大

View→50%/100%/200%/400%：将图按照百分比缩小或放大。

（5）放大与缩小

View→Zoom in：放大窗口的显示比例，以鼠标为中心放大。

View→Zoom out：缩小窗口的显示比例，以鼠标为中心缩小。

View→Pan：重新定义原理图的中心位置，用鼠标选定图纸中心，然后用按键 V-N 选择菜单。

View→Refresh：更新原理图（与 End 键功能相同）。

（6）栅格操作

View→Visible Grid：显示与隐藏可视栅格。

View→Snap Grid：使捕捉栅格起作用，或不起作用。

View→Electrical Grid：使电气栅格起作用，或不起作用。

习　题　一

1-1　创建一个原理图文件，命名为 xx.sch，设置图纸的大小为 A4，水平放置，工作区的颜色为白色，边框为黑色。设置捕捉栅格为 1mil，可视栅格为 8mil。设置系统字体为：Time New Roman；字型为：常规；大小为：10；带下划线。用"特殊字符串"设置，制图者为：NIAT；标题为：我的设计，字体为：宋体，字型为：常规，大小为：8，颜色为：黑色。参考图如图1-30 所示。

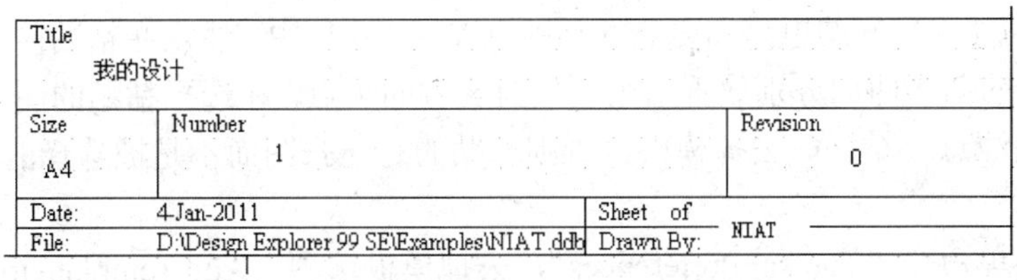

图 1-30　1-1 题图

1-2　在图 1-30 中放置阻值为 4.7kΩ 的电阻、容量为 1000pF 的电容、型号为 1N4148 的二极管、型号为 2N2222A 的三极管、单刀单掷开关和 4 脚连接器；选择电阻，复制并粘贴该电阻，然后取消选择；删除电容，用恢复按钮恢复，并且粘贴该电容。

提示：电阻（RES2）、电容（CAP）、二极管（DIODE）、三极管（NPN）、单刀单掷（SW SPST）和 4 脚连接器（CON4）都可在 Miscellaneous Devices.lib 库中找到。

1-3　按图 1-31 画原理图，练习放置总线接口、总线和端口。

1-4　按照图 1-32 绘制原理图。要求：

（1）图纸尺寸为 A4、去掉标题栏；关闭可视栅格、使能捕捉栅格和电气栅格；使能自动连接点放置。

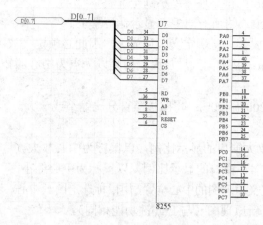

图 1-31 1-3 题图

（2）画完电路，要按照图中元件参数依次设置元件属性，但是元件要自动编号，并进行电气规则检查。

（3）生成电路的网络表。

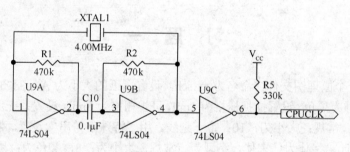

图 1-32 1-4 题图

1-5 将练习 1-3 画好的电路图复制并粘贴到 Word 软件中。注意在粘贴前，应该使用文字功能，在要粘贴的图形四周分别放置一个字号为 8 号的小点，在选择粘贴的图形时，注意选择小点。同时还要注意在粘贴时去掉模板，否则粘贴的是一张图而不是被选择的图形。

提示：

（1）执行菜单命令 "Tools→Preferences"，去掉模板选项（Add Template to Clipboard）。

（2）首先使用画图工具箱上的文字放置按钮，在电路图四周放置最小字号的小数点。

（3）用鼠标选择电路和小数点。

（4）执行菜单命令 "Edit→Copy"，用十字光标单击被选择的原理图。

（5）启动 Word 建立文件。

（6）使用粘贴命令将原理图粘贴到 Word 文件中即可。

第 2 章　电气法则检测

当一个电路图基本设计完成后,紧接着一个非常重要的工作就是检查该电路中是否存在差错——原理图设计规则检查。即要利用本软件对设计的电路进行电气法则检测,简称 ERC。ERC 按照用户指定的物理、逻辑特性进行检测,为用户找出人为的疏漏和错误,如没有连接的网络标号、没有连接的电源、空的输出引脚、重复的元件标注编号等,同时生成错误报表且在原理图中有错误的地方做出标记。

2.1　原理图电气法则检测

电气检查内容很多,但是最主要的是检查元件之间的相互连接。此外,在检测前应注意元件的隐藏脚(一般是电源引脚和接地引脚)。

执行菜单命令"Tools→ERC",系统弹出 Setup Electrical Rule Check 电气测试规则对话框。该对话框包括 Setup 和 Rule Matrix 两个选项卡。

2.1.1　设置 Setup 选项卡

Setup 选项卡如图 2-1 所示,用户可以通过它对检测项目和报告方式等进行设置。

1. ERC Options 区域
该区域设置检查错误的种类。

Multiple net names on net:一个网络上有多个网络标号。

Unconnected net labels:一个网络上只有一个网络标号。

Unconnected power objects:未连接的电源和地线。

Duplicate sheet numbers:在多原理图设计中,原理图的图号重复。

Duplicate component designator:重复元件序号。

Bus label format errors:总线名称格式错误。

Floating input pins:输入引脚悬空。

Suppress warnings:不将警告信息记录在错误报告中。

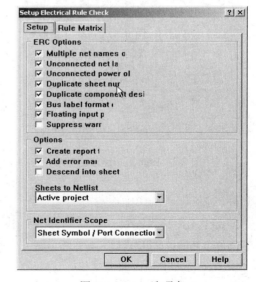

图 2-1　Setup 选项卡

2. Options 区域
该区域给出处理错误的方法。

Create report file:建立报告文件。

Add error makers：在错误的地方加上识别错误标记。

Descend into sheet parts：设定检查范围是否包括图纸符号中的电路。

Sheets to Netlist：为下拉列表框，作用是设置检查范围，其中各选项说明如下。

Active sheet：只检查当前窗口中的原理图。

Active project：检查当前项目。

Active sheet plus sub sheets：检查当前电路图和它的子图。

3．Net Identifier Scope 下拉列表框

设置端口和网络标号的有效范围，其中各选项分别如下。

Net Label and Parts global：网络标号和端口全局有效。

Only Parts Global：只有端口是全局有效。

Sheet Symbol / Port Connections：图纸符号端口只与它内部的分电路端口相连。

2.1.2　Rule Matrix 选项卡

Rule Mafrix 选项卡如图 2-2 所示。用户可以通过它对引脚和端口的 ERC 检测规则进行设置。设置区域为一个矩阵，各个小方块的颜色意义见参考图例。

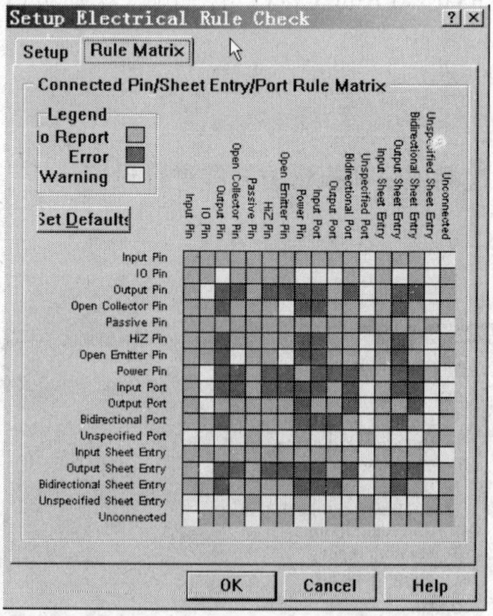

图 2-2　Rule Matrix 选项卡

1．Legend 图例区域

No Reports：无报告产生（绿色）。

Error：错误（红色）。

Warning：警告（黄色）。

2．检查规则矩阵

该矩阵用于设置各引脚、端口之间的连接规则。

Input Pin：输入型引脚。

I/O Pin：输入 / 输出引脚。

Output Pin：输出型引脚。

Open Collector Pin：集电极开路引脚。

Passive Pin：无源元件引脚。

Hiz Pin：三态引脚。

Open Emitter Pin：发射极开路引脚。

Power Pin：电源引脚。

Input Port：输入端口。

Output Port：输出端口。

Bidirectional Port：双向端口。

Unspecified Port：无方向端口。

Input Sheet Entry：输入型图纸符号端口。

Output Sheet Entry：输出型图纸符号端口。

Bidirectional Sheet Entry：双向图纸符号端口。

Unspecified Sheet Entry：无方向图纸符号端口。

Unconnected：无连接。

检查矩阵的意思是：在水平检查项目和垂直检查项目各交叉点，按照设定的颜色代表的规则写入检查矩阵。例如：水平检查项目 Output 和垂直检查项目 Output 交叉点设为红色，说明若检查时发现输出脚和输出脚连接，就认为发生了错误，且将错误情况写进错误报告，同时标记错误位置。

用鼠标单击交叉点可以更改颜色，即检查规则，改变的顺序为绿、黄、红。

Set Defaults 按钮：该按钮用于恢复检查矩阵的默认值。

2.2　放置 NO ERC 符号

2.2.1　修改错误

ERC 检测之后，生成 ERC 报表及原理图的标记，需要将其修改。具体的修改要视各电路实际情况而定。常见的 ERC 错误的产生原因有以下几种。

1．绘图错误
（1）设计者错误地将两个或多个不同的电气类型的引脚用导线连到了一起。

（2）不同的两根或多根导线错误接在一起。

（3）错误地使用图形直线（Line）而不是导线（Wire）进行电气连接。

（4）由于没有将锁定栅格（Vile→Snap grid）打开，造成连线没有连接到引脚、导线或总线的端点上。

2．句法错误
有连接关系的图件之间的网络标识名的拼写不一致。

3．库元件错误
在自建原理图库元件时，引脚放置的方式不正确，或是引脚电气类型设置有错误等。

4．设计错误
电路设计是存在的错误，如输出和地线相连等。

2.2.2　放置 NO ERC 符号

某些错误，如输入引脚悬空等错误，这在我们设计电路时是可能会出现的，但这不是实质性的错误，这时可以在相应的引脚上放置"NO ERC"标志来避开电气法则测试。

执行菜单命令"Place | Directives | NO ERC"，移动光标到所需放置之处，单击即可。然后进行 ERC 检测，在放置"NO ERC"符号的地方不再产生错误报告。

习　题　二

2-1　对第 1 章习题 1-4 的原理图进行电气规则检测。

（1）执行菜单命令"Tools→ERC"，进行电气规则检测；设置 Setup Electrical Rule Check 对话框，只检测当前窗口中的原理图，且网络标号和 I/O 端口全局有效。

（2）对原理图进行电气规则检测，检测之前要注意元件的隐藏脚，并在不需电气检测的引脚处（如输入/输出引脚等）放置"NO ERC"符号，避开电气规则检测。

（3）针对检查报告中的错误修改原理图，重复电气规则检测直到无错误为止。

（4）将最终的电气规则检查文件保存为 X.ERC 文件。

2-2 对图 2-3 中的原理图进行电气规则检测。

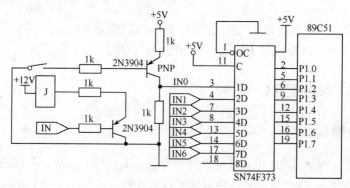

图 2-3 2-2 题图

（1）建立原理图文件，按照图中的电路画出原理图。

（2）执行"Tools→ERC"，进行电气规则检测；设置 Setup Electrical Rule Check 对话框，使只检测当前窗口中的原理图，且网络标号和 I/O 端口全局有效。

（3）在不需电气检测的引脚处（如输入/输出引脚等）放置"NO ERC"符号，避开电气规则检测。

（4）针对检查报告中的错误修改原理图，重复电气规则检测直到无错误为止。

（5）将最终的电气规则检查文件保存为 X. ERC 文件。

2-3 对图 2-4 中的原理图进行电气规则检测。

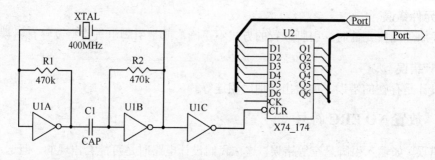

图 2-4 2-3 题图

（1）建立原理图文件，按照图中的电路画出原理图。

（2）执行菜单命令"Tools→ERC"，进行电气规则检测；设置 Setup Electrical Rule Check 对话框，使只检测当前窗口中的原理图，且网络标号和 I/O 端口全局有效。

（3）在不需电气检测的引脚处（如输入/输出引脚等）放置"NO ERC"符号，避开电气规则检测。

（4）针对检查报告中的错误修改原理图，重复电气规则检测直到无错误为止。

（5）将最终的电气规则检查文件保存为 X. ERC 文件。

第 3 章　原理图的报表生成

在原理图设计完成后，通常需要一些相关文件用来存档、交流及改进等，还要通过原理图生成网络表文件，支持绘制 PCB 的布线和电路模拟，还可自动生成各种报表来帮助设计师修改、整理电路。

3.1　生成网络表

所谓网络表就是元件名、封装、参数及元件之间的连接表。它是电路自动布线的灵魂，也是原理图设计软件 SCH 与印制电路设计软件 PCB 之间的接口。网络表的获取可以直接从电路原理图转化而来，也可以从布好的电路中获取网络表。

执行菜单命令"Design→Create Netlist"，系统弹出"Netlist Creation"对话框。

3.1.1　设置 Preferences 选项卡

Preferences 选项卡包含三个下拉列表选项和三个复选框，如图 3-1 所示。

① Output Format 下拉列表：选择网络表的格式，共 38 种。此处设置为 Protel 2 格式，不容易出错。

② Net Identifier Scope 下拉列表：对多图纸项目设置网络标识符范围。

Net Label and Port Global：　网络标识和 I/O 端口全局有效。

Only Port Global：只有 I/O 端口全局有效。

Sheet Symbol/Port Connections：　图纸符号和它内部的端口是相连的。

③ Sheet to Netlist 下拉列表：选择图纸范围。

Active Sheet：只建立当前窗口中的原理图的网络表。

Active Project：建立当前项目的网络表。

Active Sheet Plus sub Sheets：建立当前原理图和它的分图网络表。

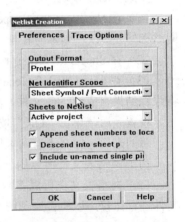

图 3-1　Preferences 选项卡

④ Append sheet numbers to local nets 复选框：将原理图编号附加到网络名称上。如果设置此项功能，系统会将原理图的编号附加在每个网络名称上。它通常用于多图纸项目中（但网络是局部的），以跟踪网络所处的位置。

⑤ Descend into sheet parts 复选框：深入至图纸元件内部电路。图纸元件是一个特殊的元件，就像方块电路符号（Sheet Symbol）一样，其引脚名称就是其对应子图的名称。当使用图纸元件时选中此项。

⑥ Include un-named single pin nets 复选框：包括无名孤立引脚网络。

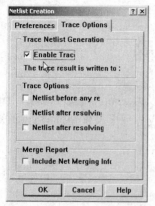

图 3-2　Trace Options 选项卡

3.1.2　设置 Trace Options 选项卡

单击"Trace Options"标签，可切换到 Trace Options 选项卡。该选项卡共有三大类 5 个复选项，如图 3-2 所示。

① Enable Trace 复选框：跟踪使能。选中该选项，则跟踪结果会存成*.TNG 文件，而主文件名称和原理图主文件名称一致。

② Netlist before any resolring 复选框：转换网络表时，将任何动作都加以跟踪，并且形成跟踪文件*.TNG。

③ Netlist after resolving sheets 复选框：只有当电路中的内部网络结合到项目网络时，才加以跟踪，并且形成跟踪文件。

④ Netlist after resolring project 复选框：只有当项目文件内部网络进行结合动作后，才将该步骤存成跟踪文件。

⑤ Include Net Merging Information 复选框：跟踪文件中包含网络归并信息。

3.1.3　产生网络表

完成上面设置后，网络表设置也基本完成了。但是，还有三处设置需要提醒大家特别注意：

（1）在 Net Identifier Scope 下拉列表中选择"Net Labels and Ports Global"，此项设置是使网络标号及 I/O 端口标号在整个项目内的所有电路中都有效。

（2）在 Sheets to Netlist 下拉列表中选择"Active Sheet"，为当前激活的图纸。

（3）在 Trace Netlist Generation 栏中选择"Enable Trace"，系统跟踪网络文件的生成，且将跟踪结果存成*.TNG 文件，其文件名与原理图的主文件名相同。

设置完后，单击"OK"按钮，即可生成网络表。

总的来说，网络表有两大用处：

（1）网络表文件可以用于进行印制电路板 PCB 布线和电路模拟仿真。

（2）网络表文件可以将由电路原理图中产生的网络表文件与印制电路板中得到的网络表文件进行比较，以检查原理图或 PCB 板中的错误、疏漏的地方。

3.2　生成元件清单

元件列表主要用于整理一个电路或一个项目文件中的所有文件，它主要包括元件的名称、标号、封装等内容。

执行菜单命令"Reports | Bill of Material"，出现 BOM 元件清单输出向导（如图 3-3 所示）；选中 Sheet（当前原理图）选项或 Project（整个设计项目）选项，单击"Next"按钮。进入输出内容选项向导，选项 Footprint（封装）和 Description（描述）都要选中（如图 3-4 所示），其他默认。单击"Next"按钮，进入表头显示名称项。再单击"Next"按钮，进入下一步。在此时的输出文件格式向导中选择"Client Spreadsheet"选项（如图 3-5 所示），单击"Next"按钮，进入下一步。单击"Finish"按钮，系统自动生成元件列表。

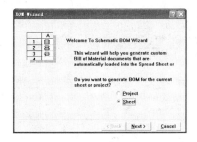
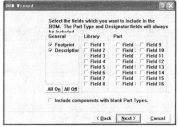

图 3-3　BOM 向导　　　　图 3-4　输出内容选项向导　　　　图 3-5　输出文件格式选项

3.3　生成层次项目组织列表

层次项目组织列表主要用于以文本的形式描述项目文件中所包含的各原理图文件的文件名，和相互的层次项目列表关系。

执行菜单命令"Reports→Design Hierarchy"，系统自动产生报表文件，同时自动存为 X. rep 文件，如图 3-6 所示。

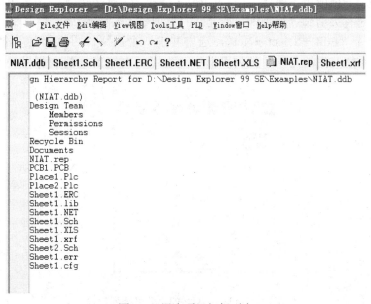

图 3-6　层次项目组织列表

3.4　生成交叉参考元件列表

交叉参考元件列表主要用于列出元件的编号、名称及所在的图形文件；在交叉文件列表中可以知道元件来自哪一张原理图。

执行菜单命令"Reports→Cross Reference"，系统即产生相应的交叉参考文件列表，如图 3-7 所示。

图 3-7 交叉参考文件列表

3.5 生成网络元件列表

为了检查某个网络或电气连接关系，可用一些菜单命令点亮它们。为了更清楚地了解，设计人员往往还要对有关引脚进行查询，如元件的引脚号、名称等。

执行菜单命令"Edit→Select→Net"，选中其中一个网络，再执行菜单命令"Reports→Selected Pins"，系统产生的元件引脚列表框中列出了该网络的元件引脚号和名称，如图 3-8 所示。

图 3-8 已选中网络的元件引脚列表

3.6 建立项目元件库文件

Protel 99 SE 提供了一个功能，可将项目电路中所用到的零件整理并且建立一个元件库文件。这样有助于文件保存及文件交换。

在项目原理图编辑状态下，执行菜单命令"Design→Make Project Library"即生成该项目元件库文件，单击"Browse SchLib"选项可浏览该项目元件，如图 3-9 所示。

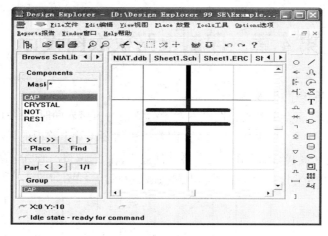

图 3-9　浏览建立的项目文件库

习　题　三

3-1　如图 3-10 所示，生成原理图网络表；设置生成网络表 preferences 选项卡，使得生成的网络表格式为 protel 格式；网络标识和 I/O 端口全局有效，且只建立当前窗口中的原理图网络表，并生成后缀为.TNG 的跟踪文件。

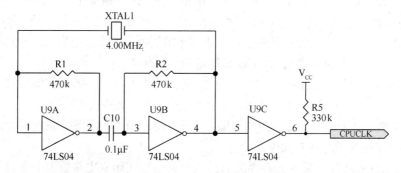

图 3-10　3-1 题原理图

3-2　针对 3-1 题原理图中的某一网络，产生该网络的元件列表。

3-3　针对 3-1 题原理图，生成以下原理图报表：

（1）设置 Preferences 选项卡，生成该原理图的网络表；

（2）生成该原理图的元件清单；

（3）生成层次项目列表；

（4）建立该原理图的项目元件库文件。

3-4　思考总结，生成原理图网络表有哪些作用？

第 4 章 印制电路板版图设计

本章主要介绍印制电路板版图设计流程及其参数设置。

许多初学者在拿到一个电路设计图纸面对稍微复杂的窗口界面时，不知从何着手。一般来说，设计完电路原理图后，要设计一个 PCB 图，首先需要设置电路板的大小、外形及一些环境参数等，然后进行布局和布线工作，之后再进行整个版面的调整，最后保存或者打印等。

（1）印制电路板版图设计流程：印制电路板版图设计流程图如图 4-1 所示。

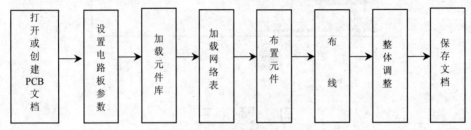

图 4.1 印制电路板版图设计流程

（2）具体的操作步骤：

① 打开 PCB 设计器或创建 PCB 文档。这是进行 PCB 图设计的第一步。一般情况下，应在完成原理图设计后，再进行 PCB 图设计，除非所设计的电路非常简单。

② 设置电路板参数。这一步实际上就是设置新建 PCB 文档的各种参数，包括印制电路板的实际物理尺寸，采用单面板还是双面板，或者是多层板，连接器的形状，各元件的封装形式及安装位置，等等。可能还要设置 PCB 设计器的编辑环境。

③ 加载元件库以及网络表。在放置元件之前，首先要将所需的元件库加载到设计器中。Protel 99 SE 中带有众多的 PCB 元件库，常用的是 Advpcb.ddb。一般来说，用户不需要将所有的元件库都加载到设计器中，否则当用户输入一个错误的元件名称时，系统就会消耗大量的时间在元件库中寻找并不存在的元件。

④ 布置元件和布线。装入元件库之后，用户就可以在印制电路板面上布置元件和布线。若是自动布局和自动布线，设计器就会根据网络表自动调入元件，且在设定的区域内自动布局。如果用户对自动布局的结果不满意，在进行自动布线之前，还可进行布局调整。

⑤ 整体调整。虽然 Protel 99 SE 的自动布线成功率很高，但是其结果也可能没有满足用户的要求，特别是对于高频电路，系统很难考虑到辐射、串路等影响，因此最后还需要根据某些因素对电路进行相应的调整。

⑥ 保存文档。

4.1 进入电路板设计环境

4.1.1 电路板设计环境的进入

执行菜单命令"File→New"，弹出 New Document 对话框，如图 4-2 所示。

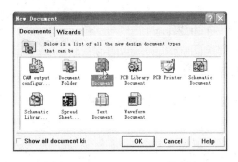

图 4-2　New Document 对话框

1．使用 Documents 选项卡创建 PCB 文档

在 Documents 选项卡中双击需要新建的 PCB Document（建立 PCB 图设计文档），出现 PCB1.PCB 图标和文件名（可以根据自己的需要输入相应的 PCB 文件名即可），双击 PCB1.PCB 进入电路板设计环境。

2．使用向导 Wizards 选项卡创建 PCB 文档

在 New Document 对话框中单击"Wizards"标签，使用向导创建 PCB 文档（详见 4.3 节）进入电路板设计环境。

4.1.2　电路板设计环境介绍

电路板设计环境界面和原理图设计环境界面类似，它也分为菜单栏、工具栏、状态栏和设计窗口等；界面的左边同样有设计导航器和浏览管理器，界面的操作类似原理图设计窗口界面的操作，如图 4-3 所示。

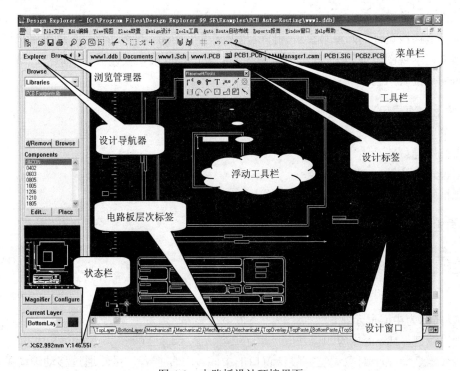

图 4-3　电路板设计环境界面

4.2 视窗的管理与编辑

4.2.1 改变视图的显示比例

改变视图的显示比例可以运用菜单、键盘快捷键、专用模式快捷键三种方法。

1. 放大视图

执行菜单命令"View→Zoom In"

键盘快捷键：V-I 或 Page Up

专用模式快捷键：

放大视图是为了看清楚对象的详细信息。经过放大后，元件的标号、注释等内容都能清楚地显示出来。

2. 缩小视图

执行菜单命令"View→Zoom Out"

键盘快捷键：V-O 或 Page Down

专用模式快捷键：

缩小视图是为了能从整体上查看 PCB 板面上的布局情况。在电路板设计过程中，布置元件等对象时一般也都是在放大率较小的视图上进行的。

3. 适当比例显示

执行菜单命令"View→Fit Document"

键盘快捷键：V-D

专用模式快捷键：

在进行电路板设计时，经常要从整体的角度来考虑布局、布线等问题，这时用户可以用适当的比例来显示视图，使得 PCB 板面上的全部对象正好放置在设计器的窗口中，这对于调整对象的布局是很有用的。

4. 按上一次显示比例显示

执行菜单命令"View→Zoom Last"

键盘快捷键：V-Z

专用模式快捷键：

若想恢复上一次的显示比例，可按照上面方法之一进行操作。

5. 自定义放大/缩小区域

执行菜单命令"View→Area→View→Around Point"

键盘快捷键：V-A /V-P

若想自定义放大/缩小区域，可按照上面方法之一进行操作。

6. 以光标为中心显示视图

键盘快捷键：Home 或 V-N

有时候需要将某个对象调整到设计窗口的中间以方便查看，虽然通过移动滚动条可以达到目的，但比较麻烦。实际上有更为方便的方法来达到目的，具体操作步骤如下：

① 将鼠标指针移到需要调整到设计器窗口中间的对象上；

② 按下 Home 功能键，鼠标指针所在的对象将被调整到设计器窗口的中间。

7. 刷新视图

执行菜单命令"View→Refresh"

键盘快捷键：END 或 V-R

在 PCB 设计器中设计电路板时，用户将发现经过对象的布局、修改等操作后，设计器窗口中多出一些斑点、短的走线痕迹等，影响用户对电路版图的观察。这时可以刷新一下视图，使这些斑点、走线痕迹消失。

8. 拖动视图

按住鼠标的右键不放，拖动鼠标。当设计器处于空闲状态时，即不处于布线、放置对象等任何命令状态时，按住鼠标的右键不放，这时鼠标指针变成一个手的形态，拖动鼠标到窗口中合适的位置，然后松开鼠标右键，即可改变视图中对象在设计器窗口中的位置。

4.2.2 工作层的设置与切换

Protel 99 SE 提供了多个工作层面供用户选择，在设计印制电路板时，用户可在不同的工作层面上进行不同的操作。当进行工作层面设置时，执行菜单命令"Design→Options"，系统弹出如图 4-4 所示的对话框。

通过 Protel 99 SE 提供的工作层面，在 Layers 选项卡中设置，勾选的项将被打开，并在电路板层次标签栏显示如图 4-4 所示。

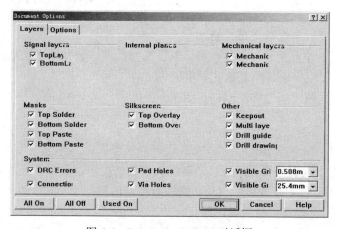

图 4-4　Document Options 对话框

主要工作层面选项有以下 7 种。

1. 信号层（Signal Layers）

Protel 99 SE 可以绘制多层板。如果当前板是多层板，则在 Signal Layers 工作层面可以全部显示出来；用户可以选择其中的层面，主要有 Top、Bottom、Mid1、Mid2 等。如果用户没有设置 Mid 层，则这些层均不会显示在该对话框中。用户可以通过执行菜单命令"Design→Layer Stack Manager"设置信号层。信号层主要用于设置与信号有关的电气元素，如 Top Layer 为顶层，通常用于放置元件面和顶层布线；Bottom Layer 为底层，通常用作底层布线和焊接面；Mid 层为中间工作层，用于多层板中间层的布线。

2．内层电源／接地层（**Internal Planes**）

如果用户绘制的是多层板，则可以通过执行"Design→Layer Stack Manager"命令设置内层电源／接地层。

3．机械层（**Mechanical Layers**）

通常创建 PCB 板时，系统默认的信号层为两层，所以机械层默认的只有一层，不过用户可以通过执行"Design→Mechanical Layers"命令为 PCB 板设置更多的机械层。在 Protel 99 SE 中最多可以设置 16 个机械层，执行该命令后，系统将弹出设置机械层对话框。通过该对话框可以选定使用哪一个机械层，Visible 复选框用来确定可见方式，Display In Single Layer Mode 复选框用来授权是否可在单层显示时放到各个层上。

4．阻焊层及防锡膏层（Solder Mask & Paste Mask）

Protel 99 SE 提供的阻焊层及防锡膏层有 4 个复选框，即 Top Solder Mask 为设置顶层阻焊层，Bottom Solder Mask 为设置底层阻焊层，Top Paste Mask 为设置顶层防锡膏层，Bottom Paste Mask 为设置底层防锡膏层。

5．丝印层（Silkscreen）

丝印层主要用于绘制元件的外形轮廓和标识元件序号，其主要包括顶层丝印层（Top Silkscreen）、底层丝印层（Bottom Silkscreen）两种。

6．其他工作层面

Protel 99 SE 除了提供以上的工作层面以外，还提供以下的其他工作层面（Others）。其他工作层面共有 4 个复选框。

Keepout：用于设置是否禁止布线层。

Multi layer：用于设置是否显示复合层，若不选择此项，导孔就无法显示出来。

Drill guide：主要用来选择绘制钻孔导引层。

Drill drawing：主要用来选择绘制钻孔图层。

7．系统设置

用户还可以在 System 操作框中设置 PCB 设计系统参数，具体选项如下。

Connection：用于设置是否显示飞线，在绝大多数情况下都要显示飞线。

DRC Errors：用于设置是否显示自动布线检查错误信息。

Pad Holes：用于设置是否显示焊盘通孔。

Via Holes：用于设置是否显示导孔通孔。

Visible Grid1：用于设置是否显示第一组格点。

Visible Grid2：用于设置是否显示第二组格点。

电路板层次标签栏中处于凸起状态的工作层就是当前工作层。若在设计器窗口中放置 Track（走线）、Fill（填充）、Polygon（多边形）、Arc（圆弧）、String（字符串）、Coordinate（坐标标注）和 Dimension（尺寸标注）等对象，则这些对象将会放置在当前工作层上，而 Component（元件）、Pad（焊盘），以及 Via（过孔）等对象则只能放置在固定的工作层上。

要将一个工作层设置为当前工作层，可以按照如下的方法之一进行操作：

① 在工作层标签上单击需要设置为当前工作层的名称。

② 按下小键盘上的加号键（+），当前工作层将向右边转移。

③ 按下小键盘上的减号键（−），当前工作层将向左边转移，与按加号键的情况正好相反。

④ 按下小键盘上的乘号键（*），当前工作层将在 Top(Top Layer：顶层)、Bot(Bottom Layer：底层）和 Mid 中间层的信号布线层之间切换。

注意：后三种方法要求设计器窗口处于焦点状态，可在设计器窗口的空白处单击鼠标左键以使设计器窗口处于焦点状态。上面所说的加号键、减号键和乘号键都是指小键盘上的加号键、减号键和乘号键。

当一个工作层变成当前工作层后，除了工作层标签中该工作层名称处于凸起状态外，在设计器窗口中的变化就是当前工作层上的走线显示在最前面。例如，顶层为当前工作层，而顶层上的走线和底层上的走线处于交叉状态，则在交叉处顶层上的走线覆盖底层上的走线。

4.3 电路板版面的设置

当用户进入 Protel EDA 环境后，必须根据需要设置印制电路板（PCB）的层数、形状、大小、标准接插总线件类型等。通常有以下两种设置电路板板面的方法。

4.3.1 使用向导创建 PCB 板文档

使用向导建立一个 PCB 文档。使用向导的好处是系统自动对新的 PCB 文档设置电路板的参数，形成一个具有基本框架或标准模板的 PCB 文档。

使用向导建立 PCB 文档的步骤如下。

① 选择菜单命令"File→New"，之后在调出的"New Document"对话框中单击"Wizards"标签，以调出"Wizards"选项卡的内容，如图 4-5 所示。

② 双击 PCB 的向导图标"Printed Circuit Wizard Board"，或者先单击该图标，然后单击"OK"按钮，进入 PCB 创建向导的第一步，如图 4-6 所示。

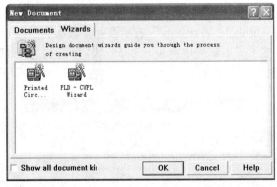

图 4-5 "Wizards"选项卡的内容　　　　　　图 4-6 PCB 创建向导

③ 在调出的对话框中单击"Next"按钮，进入 PCB 模板类型选择向导，如图 4-7 所示。

④ 选择一个 PCB 类型，然后单击"Next"按钮，进入 PCB 板轮廓和显示设置向导，如图 4-8 所示。

⑤ 对于不同的 PCB 类型，这一步的情况各异（这里选择的是 Custom Made Board），选择电路板的尺寸。选择完成后，单击"Next"按钮，进入 PCB 板的设计信息设置向导，如图 4-9 所示。

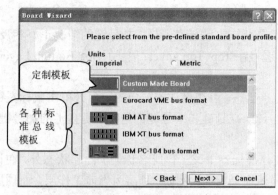
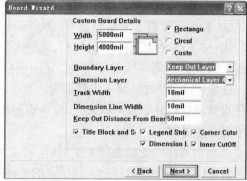

图 4-7　PCB 模板类型选择向导　　　　　　　图 4-8　PCB 板轮廓和显示设置

⑥ 在这一步中要求输入有关所创建的 PCB 图的一些说明性信息。输入完成后，单击"Next"按钮，进入 PCB 板的层数及电源/地层数的设置向导，如图 4-10 所示。

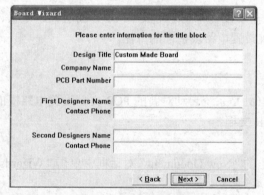
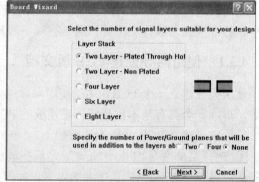

图 4-9　PCB 板的设计信息设置　　　　　　图 4-10　PCB 板的层数及电源/地层数的设置

⑦ 设定电路板的层数及电源/地层的数目。设定完成后，单击"Next"按钮，进入过孔或盲孔设置向导，如图 4-11 所示。

⑧ 在这一步中选择过孔的样式，第一项"Thruhole Vias only"表示过孔穿过所有的层，第二项"Blind and Buried Vias only"表示过孔为盲孔，不穿透电路板，选择完成后，单击"Next"按钮，进入元件类型设置向导，如图 4-11 所示。

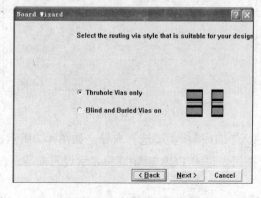
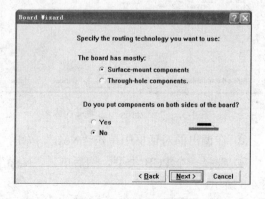

图 4-11　过孔或盲孔设置　　　　　　　　图 4-12　元件类型设置

⑨ 选择电路板上所放置的元件的固定类型及是否在电路板的两面都放置元件。选择完成后，

单击"Next"按钮，进入布线最小线宽、过孔、最小安全间距设置向导，如图4-13所示。

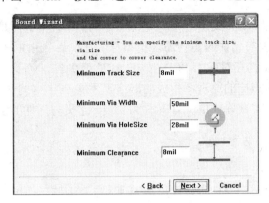

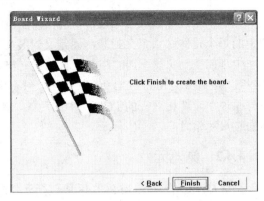

图4-13　布线最小线宽、过孔、最小安全间距设置　　　图4-14　完成PCB向导设置

一般来说，元件在电路板上有表面封装和直插式封装两种固定方式。以表面封装方式固定元件时，在元件面（Top Layer）上对元件引脚进行焊接；以直插方式封装元件时，则在元件的反面（Bottom Layer）上对元件引脚进行焊接。

⑩　确定走线的参数，以及过孔的大小之后单击"Next"按钮，进入完成PCB设置向导，如图4-14所示。这是向导的最后一步。用户只需要单击"Finish"按钮，结束向导后，新建立的PCB文档将处于打开状态。

4.3.2　手动设置电路板版面

电路板的边框向导可以帮助用户快速建立各种标准接口卡,但是用户常常需要自己定义电路板的大小和外形。

进入 Protel Advanced PCB 99 SE 的编辑环境，接着定义板边框。单击工作区下方的"Keep Out"标签，切换到"Keep Out"板层（这是禁止布线层，也是定义电路板板边的层面），再执行布线命令进入画线状态；光标变成精确定位的十字光标，同时自动边移功能起作用。配合屏幕左下方状态栏的坐标指示，画一个区域，此区域的大小就是用户的电路板的大小。

用指定坐标的方法来定义边框。在画线状态下，按"J"（跳转）、"L"（新位置）键，输入各点坐标并画线，可以精确画出电路板的外形和尺寸。

例如：画一张 30mm×30mm 的矩形电路板，先单击"View-Toggle Units"命令，将坐标单位由 mil 切换到 mm，然后进入布线状态，可以在画线状态(即已经按 P、T 键)按 J、L 键，在 X-Location 项中输入 30，在 Y-Location 项中输入 30，再单击"OK"按钮，此时十字光标快速移动到坐标（30，30）上；按"Enter"键后开始画线，再按 J、L 键，输入坐标（60，30），然后按"Enter"键两次第一条线就画好了。依次重复以上步骤，分别输入（60，60），（30，60），（30，30）确定后，最后一条线就画好了。再按两次"Esc"键，结束画线状态，这样电路板边框就确定了。

4.4　装载网络表和元器件

当完成电路板边框定义后，紧接着的是载入网络表和元器件。元器件可以手动载入，也可通过载入由原理图生成的网络表，将元器件和网络表一起载入。

4.4.1　生成网络表

如何由原理图生成网络表，我们在前面已经讲过，这里不再讲述。只是要提醒注意，原理图中的每个元件必须定义封装，而定义封装必须与元件的实物需求相吻合，且在某个 PCB 封装库中都能找到（找不到的则必须自己建立与实物相对应的 PCB 封装，详见第 9 章），而这一个封装库已经被 Protel PCB 99 SE 调用，只有由这样的原理图生成的网络表才能使用。（封装：即与原理图元件相对应的 PCB 库中的元件，在 PCB 库中的元件又称为封装，它又与元件的实物安装尺寸相对应。）

4.4.2　浏览元件

在屏幕左边的 Browse PCB 区块包括元件封装库管理、元件封装管理，以及浏览元件用的小窗口，通过它们可以方便地管理和浏览元件。

当用户需要浏览元件时，先把 Browse 区块的第一个栏位选为库 Libraries，如图 4-15 所示。其中 7 项分别如下。

Nets：浏览网络。

Components：浏览元件。

Libraries：浏览元件库。

Net Classes：浏览网络标号。

Component Classes：浏览元件标号。

Violations：浏览违反布线规则的具体出错点。

Rules：浏览设计规则。

选择以后，元件管理器中将显示目前所载入的元件库。选择需要浏览的元件封装库后，在其下的 Components 状态栏中出现该元件库所包含的元件。用户可用鼠标单击想要观看的元件编号，单击之后，左下角的小屏幕（分辨率设置为 1024×768 以上）立即显示该元件。如果您觉得这个小窗口太小了，还可以单击"Browse"按钮，使用比较大的视窗观看元件，如图 4-16 所示。

图 4-15　Browse 区块

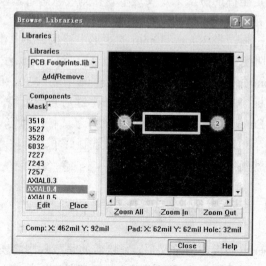

图 4-16　Browse 的较大视窗

当用户开启这个浏览视窗时,将发现这个浏览视窗当中有许多的按钮在屏幕的左边也都出现过了。现在,就来探讨这些浏览视窗按钮的功能。

Add/Remove:增加或移出元件库。

Edit:开启 PCB Lib 编辑器,编辑元件。

Place:把所单击的元件,放置到电路板版图上。

Close:关闭这个大的浏览视窗。

Zoom All:浏览整个元件。

Zoom In:放大浏览元件。

Zoom Out:缩小浏览元件。

4.4.3　调用元件

调用元件有两种方法:一种是手动从元件库中取用元件;另一种则是在载入网络表(Netlist)时,系统根据网络表中所对应的元件封装自动载入,并且放置到工作区。现介绍直接从元件库中调取元件的方法。

当用户开启 Protel Advanced PCB 99 SE 电路板编辑系统时,元件库管理器预先载入一个元件库"PCB Footprints.lib";用户可以直接取用元件,往后如果想要载入自行设计的元件库时,则单击"Add/Remove"按钮。用户可以移动鼠标,先单击自行设计的元件库,例如单击"yjhlib.ddb",再单击"Add"按钮就行了(或者直接双击元件库)。最后单击"OK"按钮,载入元件库完成。

用户从元件库取用元件的操作方法有单击和直接输入元件名两种方法。

1．单击

① 选择所要取用元件的元件库,并且单击元件。

② 单击"Place"按钮,鼠标将跳到工作区,同时带着该元件。

③ 单击鼠标左键或按"Enter"键,则所选择的元件将被放置在工作区中。

2．直接输入元件名称的方法

方法一:单击放置工具栏"Placement Tools"中的图标。

方法二:执行菜单命令"Place Component"。

方法三:快捷键 P-C。

当执行完上述任一种操作后,在出现的对话框中输入元件名、元件标识和元件注释,再单击"OK"按钮,鼠标将跳到工作区,同时带着该元件;单击鼠标左键或"Enter"键,则所选择的元件将被放置在工作区中。

4.4.4　装载网络表

调用元件的另一种方法是当电路板边框定义完成后,在载入网络表(Netlist)的同时,程序根据网络表中所对应的元件自动载入并且放置到工作区。当用户载入网络表时,只要启动"Design…Netlist…"命令(或按"D","N"键),出现对话框。这时候请在"Netlist File"选项中,指定所要载入的网络表文件名及其位置,或单击"Browse"寻找所要载入的网络文件,屏幕出现载入网络表对话框。指定网络表文件名后,单击"OK"按钮即可载入网络表,而对话框下方将显示该文件中所定义的网络。单击"Execute"按钮后,所对应的元件自动载入。

4.5 布局

在排除电路原理设计的因素外，电路板的布局和布线直接关系到整个电路的性能好坏，而布线的质量和布通率又与电路板的布局息息相关，因此电路板的布局是一个非常重要的环节。

4.5.1 手动布局

1. 手工元件布局

Protel Advanced PCB 99 SE 和其他版本的 Protel 一样，都提供元件的自动放置功能。尽管都说此功能如何强大，但对于不是很有耐心或不想浪费时间的用户来说，建议不要轻易尝试这项功能。如果您的电路板中有特殊安装要求的元件，也建议不要使用这项功能。

当用"Design…Netlist…"命令将元件和网络连接调入工作区时，元件是堆积在一起的，此时就可以移动元件到相应位置。PCB 99 SE 中元件的移动很简单，只要将鼠标指针指向将要移动的元件，按住左键，拖动鼠标就可将它拖走。此时，鼠标将带动该元件随鼠标移动，网络飞线也随着元件的移动而被牵动。当元件移到适当的位置后，单击左键即可以将元件固定下来。

当第一个元件被固定下来后，可用同样的方法将其他元件一一移开。对于有些摆放方向不好的元件，可以用鼠标单击它后，按一次空格键可以让它旋转 90°，按两次空格旋转 180°。

2. 搬移、旋转、换板层

若要对元件进行搬移、旋转与换板层时，基本上有两种方式：一种是在刚取出元件且还未定位之前，可按空格键来旋转，用拖动鼠标的方法来移动元件；另一种方式是直接以鼠标指针指向元件，然后按住左键，配合空格键及"L"键即可进行搬移、旋转与换板层。

元件的搬移、旋转与换板层的操作步骤如下。

① 将鼠标指针移到元件上，然后按住左键。
② 按住左键不放可以任意拖动鼠标，即可移动该元件。
③ 再按空格键，旋转元件。
④ 按"L"键，把元件换到底层。

当元件的位置、方向和板层都确定后，可以松开鼠标左键固定元件。其他元件也可使用同样的方法移动。另外，按"X"键（或"Y"键）可以让元件在 x 方向（或 y 方向）上翻转，在实际的运用上要配合多种方法灵活使用。

3. 复制元件

当用户需要复制元件时，请先选取复制的元件，再运用粘贴命令或阵列式贴图即可。选取复制的元件，指向元件的参考点（任意点），单击左键后，鼠标恢复成箭头鼠标，再按下"Shift+Ins"键，把元件贴上去，最后单击左键，即可将该元件定位（也可按照 Word 中的复制、粘贴方法完成，按下"Shift+C"可复制元件，按下"Shift+V"可粘贴元件）。复制动作完成后，记住按"X-A"键，取消所有的单击状态并且重新编辑元件的编号。

4. 块操作

块操作又称群体操作。当用户需要针对群体元件做搬移、旋转等动作时，需要先定义一个块（群体）。定义块非常简单，只要按住鼠标左键，拖动鼠标，选取将要改变的一组元件。选取好后，接下来只要把鼠标指针放在任何一个被选取的元件上，按住鼠标左键；可按空格键将所有选取的一组元件旋转；可按"L"键，更换其所在板层。

群体元件的变动操作步骤如下：

选取所有想要变动的元件，把鼠标指向其中一个处于选取状态的元件上，然后按住左键，即可搬移这些元件；按空格键旋转所有被选的元件；按"L"键，把被单击的元件切换到底层。

4.5.2 自动布局

Protel 99 SE 提供强大的自动布局功能，用户只要定义好规则，Protel 99 SE 可将重叠的元件封装分离开来。实现元件自动布局的一般步骤如下。

① 执行菜单命令"Tools→Auto Place"，如图 4-17 所示。

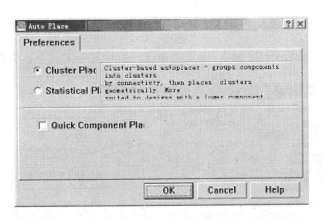

图 4-17　Auto Place 对话框之一

② 在出现的对话框中可以看到 Cluster Placer 和 Statistical Placer 两种自动布局方式。

Cluster Place：一般适合于元件比较少的情况，这种情况下元件被分成组来布局。

Statistical Place：适合于元件较多的情况。它使用统计算法，使元件间用最短的导线连接。在此选项中还有几个小的选项，如图 4-18 所示。

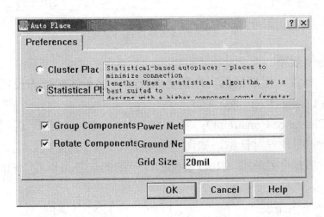

图 4-18　Auto Place 对话框之二

Group Components：该项的功能是将在当前网络连接密切的元件归为一组。在排列时，将该组的元件作为群体而不是个体来考虑。

Rotate Components：该项的功能是依据当前网络连接与排列的需要，使元件重组转向。如果不选用该项，则元件将按原始位置布置，不进行元件的转向动作。

Power Nets：定义电源网络名称；

Ground Nets：定义接地网络名称；

Grid Size：设置元件自动布局时的格点间距的大小。

设置完"Statistical Placer"选项的自动布局参数后，进入元件自动布局状态。

4.6 布线

在电路板布局完成后，就是布线。但在布线之前必须进行布线规则的设置。

4.6.1 设置布线规则及参数

执行菜单命令"Design→Rules"，出现"布线参数设置"对话框，如图 4-19 所示。

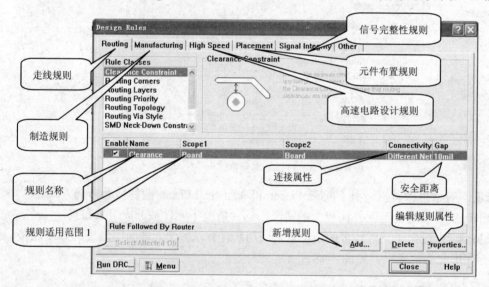

图 4-19 布线参数设置对话框

1. Routing 栏走线规则

单击"Routing"标签，用户根据实际需要进行相应的布线参数的设定。布线规则一般都集中在规则类（Rule Classes）中。

① 安全间距（Clearance Constraint）：单击"Clearance Constraint"选项后，再单击"Add"按钮，即可进入安全间距设置对话框，如图 4-20 所示。

每一个设计规则都有使用范围（Rule scope），范围的选择可以在"Filter kind"下拉框中选择。

Whole Board：整块电路板　　　　From To Class：点对点网络

Layer：全层　　　　　　　　　　Frome-to：点对点网络

Object Kind：某类对象　　　　　Pad：焊盘

Component Class：某类元件　　　Pad Specification：指定的焊盘

Component：元件　　　　　　　　Via Specification：指定的过孔

Net Class 某网络：　　　　　　　　　　　Pad Class：分类的焊盘

Net：网络　　　　　　　　　　　　　　　Foot Print-Pad：封装焊盘

以上这些选项在每一个设计规则中都有，在后续的设置中将不再复述。

Rule Name：规则名称。

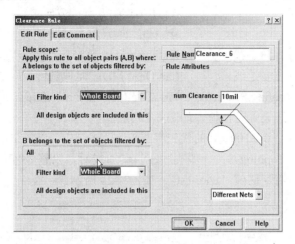

图 4-20　安全间距设置对话框

Minimum Clearance：设置安全距离，数据显示在"Gap"栏中。

规则适应的网络选项如下。

Different Net Only：只对不同的网络。

Same Net Only：只对相同的网络。

Any Net：对所有的网络。

② 角模式（Routing Corners）：单击"Routing Corners"选项，再单击"Add"按钮（或单击"Properties"按钮），即可进入布线拐角模式设置对话框，如图 4-21 所示。

Style 栏：设置转角方式，默认的是"45 Degrees"，还有"90 Degrees"和"Rounded"可以选择。

Setback（m）to（M）：设置转角的范围，m 和 M 数据在"Minimum"和"Maximum"栏中显示。

③ 布线工作层面（Routing Layers）：单击"Routing Layers"项，再单击"Properties"按钮，即可进入布线工作层面设置对话框，如图 4-22 所示。

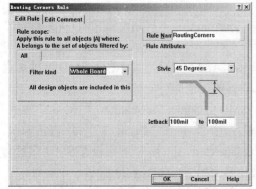

图 4-21　布线拐角模式设置对话框　　　　　　　图 4-22　布线工作层面设置对话框

在"Rule Attributes"栏中，有32个选项，其中"TopLayer"为顶层，"BottomLayer"为底层，中间是1～30个信号层；其中每个栏有11个选项，分别是如下。

Not Used：该板层不走线   3 O'Clock：三点钟方向走线

Horizontal：水平走线   4 O'Clock：四点钟方向走线

Vertical：垂直走线   5 O'Clock：五点钟方向走线

Any：任意走线   45 Up：向上45°方向走线

1 O'Clock：一点钟方向走线   45 Down：向下45°点钟方向走线

2 O'Clock：二点钟方向走线   Fan Out SMD：元件延伸铜膜后加过孔

④ 布线优先级（Routing Priority）：单击"Routing Layers"选项，再单击"Properties"按钮，即可进入布线优先级设置对话框，如图4-23所示。

布线优先级的范围是0～100，0的优先级最低。

⑤ 原则（Routing Topology）：一般程序在自动布线时，以整个布线的线长最短为目标。对于这项，一般可以使用默认值"Shortest"，如图4-24所示。

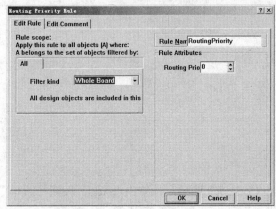 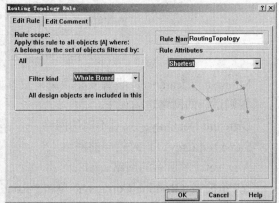

图4-23　布线优先级设置对话框   图4-24　布线的线长设置对话框

⑥ 过孔的类型（Routing Via Style）：单击"Routing Via Style"选项，再单击"Properties"按钮，即可进入过孔的类型设置对话框，如图4-25所示。

Via Diameter：设置过孔外直径，显示在"Width"栏中。其中可以设置直径，可选择范围，以及首选数据。

Via Hole Size：设置过孔钻孔直径，显示在"Hole Size"栏中。同样可以设置直径、可选范围，以及首选数据。

⑦ SMD元件焊盘脖颈设置（SMD Neck-Down Constranit）：本规则设置SMD元件焊盘宽度和走线线宽的比值，如图4-26所示。

单击SMD Neck-Down Constranit选项，然后单击"Add"按钮，即可进入SMD元件焊盘脖颈设置对话框。然后在"Neck-Down"栏中输入设置的比值即可。

⑧ SMD元件焊盘与走线拐角之间的距离限制（SMD to Corner Constranit），如图4-27所示。本规则设置SMD元件焊盘到走线转角之间的最小距离，可在"Distance"栏中直接输入。

⑨ SMD元件与平面之间的距离限制（SMD to Plane Constaint）：本规则设置SMD焊盘与电源平面的焊盘或过孔之间的距离限制，设置方法和前面相同，如图4-28所示。

⑩ 走线宽度（Width Constraint）：将光标移动到"Width Constraint"选项并单击，然后用

鼠标左键单击"Properties"按钮，即可进入走线宽度设置对话框，如图 4-29 所示。

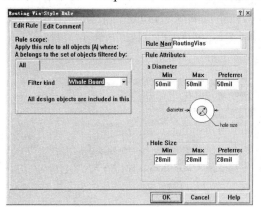

图 4-25　过孔的类型设置对话框

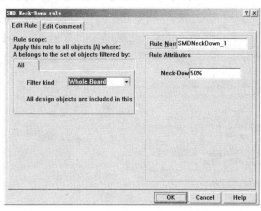

图 4-26　SMD 元件焊盘脖颈设置对话框

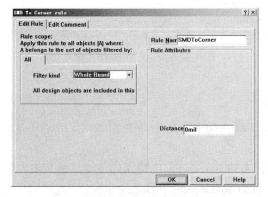

图 4-27　SMO 元件焊盘与走线拐角
之间距离设置对话框

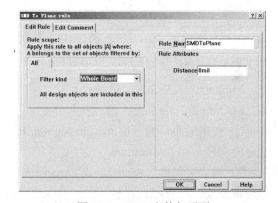

图 4-28　SMO 文件与平面
之间距离设置对话框

2. Manufacturing 栏制造方面的规则

图 4-30 显示的是有关电路板制作（Manufacturing）方面的一些设计规则。

① 设定走线与走线之间的最小夹角（Acute Angle Constraint）：

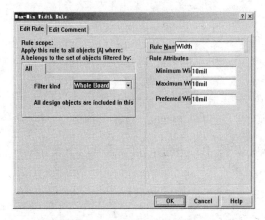

图 4-29　走线宽度设置对话框

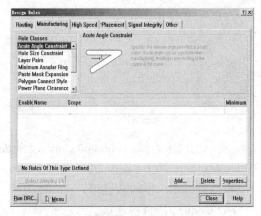

图 4-30　电路板制作方面的设计规则页面

本规则设置走线与走线之间的最小夹角，如图 4-31 所示。

Minimum Angle：设定走线之间的最小角度，显示在"Minimum"栏中。

② 设定最大/最小孔尺寸（Hole Size Constraint）：本规则设置孔的尺寸，有三个设置栏。

Rule Attributes：设置尺寸的数值形式，有绝对（Absolute）、百分比（Pereent），如图4-32所示。

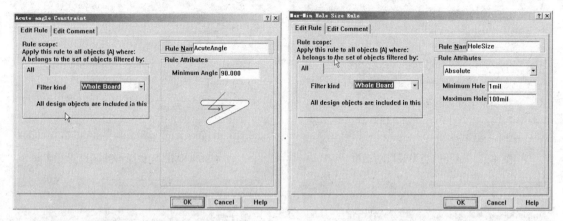

图4-31　设置走线与走线之间的最小夹角　　　　图4-32　设定最大/最小孔尺寸

Minimum Hole Size：最小孔尺寸。

Maximum Hole Size：最大孔尺寸。

③ 设定最小环宽（Minimum Annular Ring）：如图4-33所示，该设置用于设定最小环宽。设定值将显示在"Minimum"栏中。

④ 锡膏层延伸（Paste Mask Expansion），如图4-34所示。SMD焊盘的延伸量是SMD焊盘与钢模板（锡膏层）焊盘孔之间的距离。可在"Expansion"栏中设定延伸量。

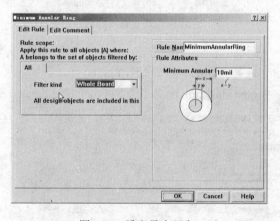

图4-33　设定最小环宽　　　　　　　　　图4-34　锡膏层延伸

⑤ 覆铜的连接方式（Polygon Connect Style）：如图4-35所示，该设置有以下设置栏。

Rule Attribute：设定连接方式。

Relief Connect：辐射式连接。

Direct Connect：直接连接。

Conductor Width：设定连接线宽度。

Conductor：设定连接线数目。

在下拉框中设定连接线的连接角度：45 Angle 或 90 Angle 。

⑥ 电源层安全间距（Power Plane Clearance）：如图 4-36 所示。本规则设定电源层应该挖多大的一个洞才能使过孔和焊盘的导孔安全通过。可在"Clearance"栏中设定安全间距。

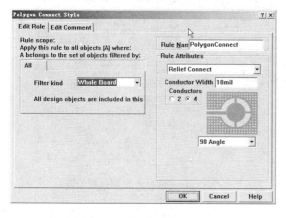

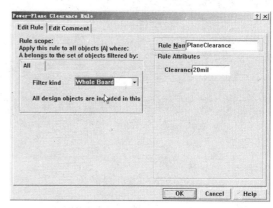

图 4-35　覆铜的连接方式　　　　　　　　　图 4-36　设定安全间距

⑦ 连接到电源层的方式（Power Plane Connect Style）：如图 4-37 所示。本规则用来设定过孔或焊盘与电源层连接的方式，共有如下设置。

Rule Attribute：设定连接方式。

Relief Connect：放射状连接。

Direct Connect：直接连接。

No Connect： 不连接。

Conductor Width：设定连接铜膜的宽度。

Conductor：设定连接铜膜的数量。

Expansion：设定焊盘或导孔与空隙之间的距离。

Air-Gap：设定空隙的大小。

⑧ 阻焊层延伸量（Solder Mask Expansion）：如图 4-38 所示。本规则是设定阻焊层中焊盘的延伸量，或者说是阻焊层中的焊盘孔比焊盘要大多少。可在"Expansion"栏中延伸量。

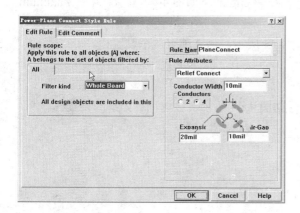

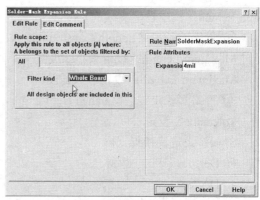

图 4-37　设定过孔或焊盘与电源层连接的方式　　　图 4-38　设定阻焊层中焊盘的延伸量

⑨ 测试点样式规则和使用规则设置：本规则用于设置测试点的相关参数，如图 4-39 和图 4-40 所示。

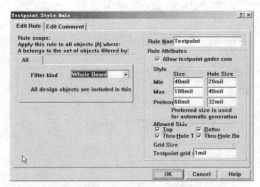 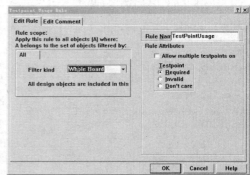

图 4-39　测试点样式规则设置　　　　　　图 4-40　测试点使用规则设置

3. High Speed 栏高速电路设计规则

有关高速电路（High Speed）设计的一些设计规则。如图 4-41 所示，其选项如下。

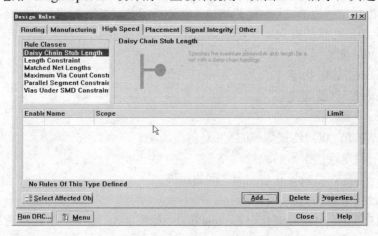

图 4-41　高速电路设计规则页面

① 菊花链走线时支线的长度（Daisy Chain Stub Length）：如图 4-42 所示。在"Maximum Stub Length"栏中设定支线的长度。

② 网络的长度（Length Constraint）：如图 4-43 所示，该选项有两个设置栏。

Minimum Length：设定最小长度。

Maximum Length：设定最大长度。

③ 网络等长走线（Matched Net Lengths）：如图 4-44 所示，该选项有如下的设置栏。

Tolerance：设定长度误差。

Style：设定走线形式。

90 Degree：　90°走线。

45 Degree：　45°走线。

Rounded：圆弧走线。

Amplitude：设定走线振幅。

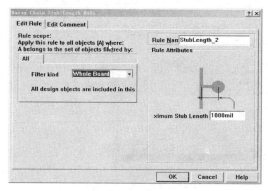

图 4-42　设定支线的长度

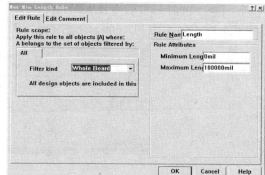

图 4-43　设定网络的长度

Gap：设定间距。

④ 设定最大过孔数限制（Maximum Via Count Constraint）：如图 4-45 所示。可在"Maximum Via Count"栏中设定过孔数目。

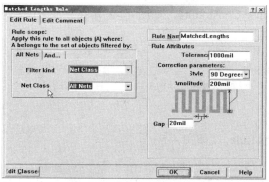

图 4-44　设定网络等长走线

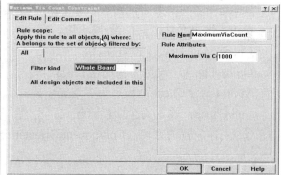

图 4-45　设定过孔数目

⑤ 并行线段长度限制（Parallel Segment Constraint）：如图 4-46 所示，该选项有如下设置栏。

For a Parallel GaP of：设定并行走线最小间距。

The Parallel Limit is：设定并行线能够并行的距离。

Layer Checking：设定该规则适用于同一板层（Same Layer）或相邻板层（Adjacent Layer）。

⑥ SMD 焊盘中放置过孔（Vias Under SMD Constraint）：如图 4-47 所示，可在"Allow Vias under SMD Pads"栏中设定是否允许在 SMD 焊盘上放置导孔。

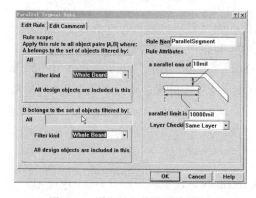

图 4-46　设定并行线段长度限制

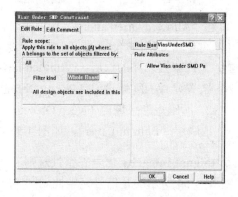

图 4-47　设定是否设置过孔

4．Placement 栏元件布置规则

图 4-48 中显示的 Placement 元件布置规则的设定，共有下面 5 种规则。

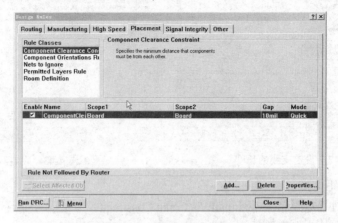

图 4-48　Placement 元件布置规则设置

① 元件之间的最小间距（Component Clearance Constraint），如图 4-49 所示。

GaP：设定元件之间的最小间距。

Check Mode：设定检查模式。

Quick Check：设定为快速检查模式。

Multi Layer Check：设定为多层显示模式。

Full Check：设定为全面检查模式。

② 元件放置的方向（Component Orientations Rule），如图 4-50 所示。

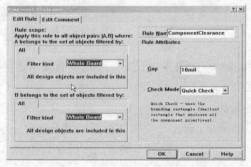
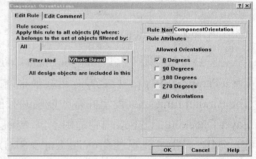

图 4-49　设定元件之间的最小间距　　　　图 4-50　设定元件放置的方向

可在"Allowed Orientations"选项中设定元件的旋转方向，共有 5 个角度供选择。

③ 可忽略的网络（Nets to Ignore）：设定在自动布线时忽略的网络，如图 4-51 所示。

④ 允许放置元件的板层（Permitted Layers Rule）：设定放置元件的板层，如图 4-52 所示。

⑤ 放置元件的区域设定（Room Definition）：元件只能放置在角点 1（x1，y1）和角点 2（x2，y2）所围矩形区域内（Keep Objects Lnside），或外（Keep Objects Outside）的顶层（Top Layer）或底层（Bottom Layer），如图 4-53 所示。

5．Signal Integrity 信号完整性规则

如图 4-54 所示的是信号完整性规则（Signal Integrity）设置窗口，共有 13 种规则。

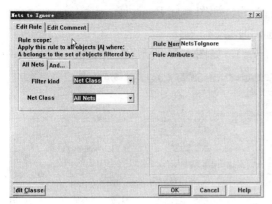
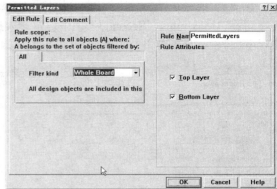

图 4-51 设定在自动布线时忽略的网络   图 4-52 设定放置元件的板层

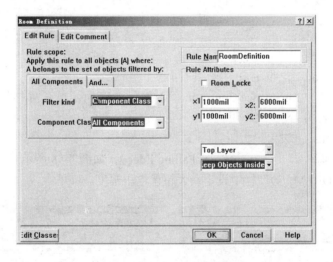

图 4-53 放置元件的区域设定

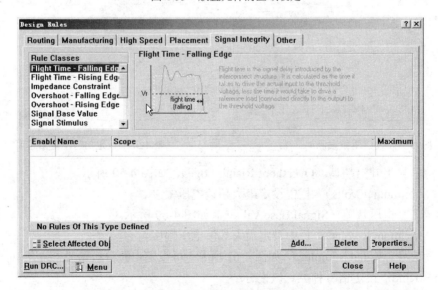

图 4-54 信号完整性规则设置窗口

① 设定信号下降沿延迟时间（Flight Time-Faling），如图 4-55 所示。

可在"Maximum（Second）"栏中设定最大延迟时间。

② 设定信号上升沿延迟时间（Flight Time-Rising），如图 4-56 所示。

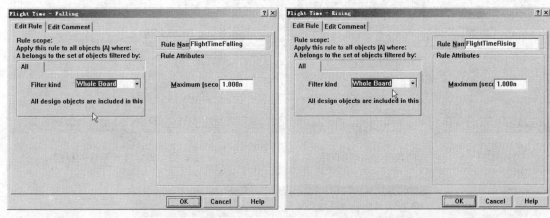

图 4-55　设定信号下降沿延迟时间　　　　图 4-56　设定信号上升沿延迟时间

Maximum（Second）：设定最大延迟时间。

③ 设定阻抗限制（Impedance Constraint），如图 4-57 所示，有两个设置栏。

Minimum（Ohms）：设定最小阻抗。

Maximum（Ohms）：设定最大阻抗。

④ 设定信号下降沿超调（Overshoot- Falling Edge），如图 4-58 所示。

可在"Maximum（Volts）"栏中设定最大超调电压幅度。

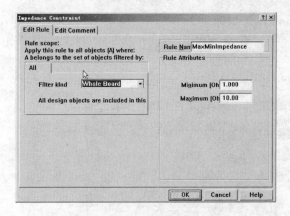

图 4-57　设定阻抗限制　　　　　　　　图 4-58　设定信号下降沿超调

⑤ 设定信号上升沿超调（Overshoot-Rising Edge），如图 4-59 所示。

可在"Maximum（Volts）"栏中设定最大超调电压幅度。

⑥ 设定信号电压基值（Signal Base Value），如图 4-60 所示。

可在"Maximum（Volts）"栏中设定最大基值电压幅度。

⑦ 激励信号（Signal Stimulus），如图 4-61 所示，可设定电路分析信号，共有如下设置栏。

Stimulus Kind：设定信号种类。该栏有：

"Constant Level"直流电、"Signal Pulse"单脉冲和"Period Pulse"周期脉冲三种选择。

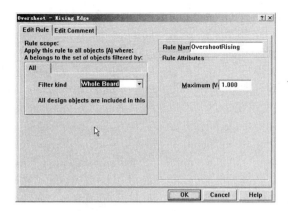

图 4-59　设定信号上升沿超调

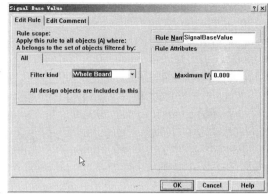

图 4-60　设定信号电压基值

Start Level：信号初始状态。该栏有"Low Level"低电平和"High Level"高电平两种状态。

Start Time：开始时间。

Stop Time：停止时间。

Period Time：周期。

⑧ 设定高电平信号最小电压（Signal Top Value），如图 4-62 所示。

可在"Minimum（Volts）"栏中设定高电平信号的最低电压。

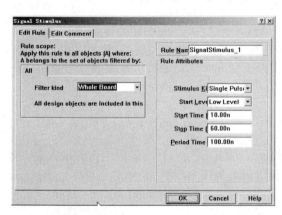

图 4-61　设定电路分析信号

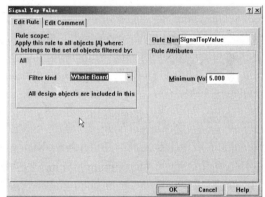

图 4-62　设定高电平信号最小电压

⑨ 设定下降沿斜率（Slope-Falling Edge），如图 4-63 所示，该规则设定信号下降沿从闭值电压下降到低电平电压的最大延迟时间。

可在"Maximum（Second）"栏中设定最大延迟时间。

⑩ 设定上升沿斜率（Slope-Rising Edge），设定信号从阈值电压上升到高电平电压的最大延迟时间，如图 4-64 所示。"Maximum"栏中显示的是最大延迟时间。

⑪ 设定电源网络电压（Supply Nets），设定电路板中电源网络的电压值，如图 4-65 所示。

"Volfage"栏中设定电压值。

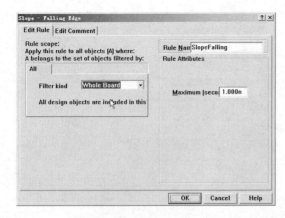 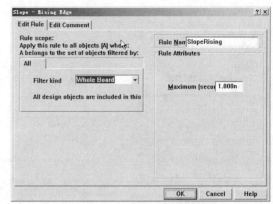

图 4-63 设定下降沿斜率　　　　　　　　图 4-64 设定最大延迟时间

⑫ 信号下降沿欠调（Undershoot-Falling Edge ），设定信号下降沿欠调电压的最大值，如图 4-65 所示。可在 "Maximum（Volts）" 栏中设定最大欠调电压。

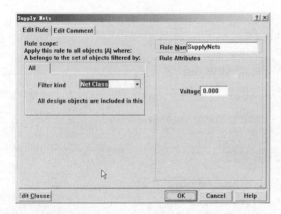 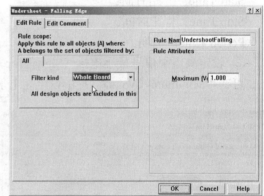

图 4-65 设定电源网络电压　　　　　　　图 4-66 设定下降沿最大欠调电压

⑬ 信号上升沿欠调（Undershoot-Rising Edge），设定信号上升沿欠调电压的最大值，如图 4-66 所示。可在 "Maximum（Volts）" 栏中设定最大欠调电压。

6. Other 栏，其他规则

Other 栏共有三个规则，它们分别是有关短路允许的规则（Short-Circuit Constraint ）、删除没有连线引脚的规则（Un-Connected Pin Constraint ）和显示未完成布线的规则，如图 4-68 所示。

4.6.2 手动布线

布线分为手动布线和自动布线两种。手动布线常用于一些简单的单面板的布线、特殊要求的预先布线（例如电源线、屏蔽线等）及自动布线后的修改。

自动布线则用于两层以上印制电路板的布线。在实际工程中运用手动布线和自动布线相结合来完成布线。

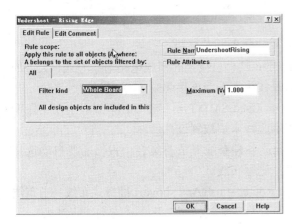

图 4-67　设定上升沿最大欠调电压　　　　　　图 4-68　其他规则窗口

1．认识导线

印制电路板上的导线就是印制电路板上能产生电气连接的铜线条。它与原理图的导线相对应。

绘制导线（Track）时有两种情况。当导线有电气特性时，是完成电路连线关系的主要图件；当导线没有电气特性时，可以当成板框或是一般的绘图标示线。当该导线不在布线板层（顶层、底层、电源层及 14 个中间板层）上时，或者该条导线和元件焊盘不具有网络（Net）连接关系，也就是无飞线（飞线：用于表示导线和元件焊盘及元件焊盘和焊盘之间存在的电连接关系的细直线）存在时，则该导线没有电气选择性，如图 4-69 所示。

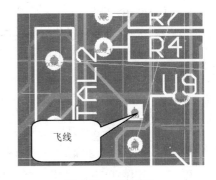

飞线

图 4-69　"飞线"

Protel 99 SE PCB 的图件，并不限于以 Track 完成电路连线关系，还可以根据需要使用 ARC（圆弧）、FILL（填充）等多种图件，使电路板在设计时更加方便。注意在启用各种布线命令时，请先将选定的 PCB 欲布线工作层设为当前工作层。

2．开始布线

执行主菜单中的"Place/Track"命令，启用布线命令，立即可进入布导线状态。这时，屏幕下方的状态栏改变，同时箭头状的鼠标处将出现一个十字状光标。当用户在布线时，可以使用"Shift+Space"键与"Space"来改变导线的转折样式，以及使用"*"键变换布线板层。如果觉得移动时格点太大，请按"G"键改变选择移动的格点大小；另外在布线状态时，还可以选择"Backspace"选项，取消前一段的布线。

4.6.3　自动布线

在完成电路板板面的规划设置、元件的合理布局、符合要求的布线规则设置后，就可进行自动布线。

1．自动布线设置

单击菜单命令"Auto Route→Setup"，弹出自动布线设置对话框。如图 4-70 所示，共有三

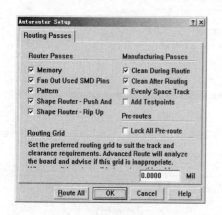

图 4-70　自动布线设置对话框

个区域。

（1）Router Passes 区域

Memory：具有总线类的集成电路布线方式，大量的地址、数据线用波浪线连接起来。

Fan Out Used SMD Pins：在 SMD 焊盘引出一段铜膜后，在铜膜线末端放置过孔。

Pattern：各种布线算法的集合，根据需要自动选择最好的算法进行布线。

Shape Router -Push And shove：推挤式布线。当布线走不过去时，将其他线挤开。让正在走的线走过去。

Shape Router -Rip up：拆线式布线。当线走不过去时，将其他线暂时拆掉，让正在走的线走过去后，再想办法走拆掉的线。

（2）Manufacturing Passes 区域

Clean During Routing：在布线时对电路板上的连线和焊盘进行调整。

Clean After Routing：布线完成后再对电路板上的连线和焊盘进行调整。

Evenly Space Tracks：在焊盘之间均匀布线。

Add Testpoints：在网络上增加测试点。测试点就是用于测量线路是否正常连接的点，一般情况下不用设置测试点。

（3）Pre-routes 区域

Lock All Pre-route：锁定已有的铜膜走线。

（4）Routing Grid 区域

Routing Grid：自动布线过程中参考栅格间距。

Routing All：单击该按钮，自动布线开始。

2．自动布线

自动布线共有"All"，"Net"，"Connection"，"Component"和"Area"五种方式。其中，"All"方式表示系统完成所有的布线工作，不需要用户中途干预；"Net"方式表示用户指定逐个网络，进行交互式的自动布线，每指定一个网络，就给该网络布线；"Connection"方式表示由用户指定逐个连接，进行交互式的自动布线，每指定一个连接，就给该连接布线；"Component"方式表示由用户指定逐个元件，进行交互式的自动布线，每指定一个元件就给该元件的所有引脚布线；"Area"方式表示让用户划定逐个区域，进行交互式的自动布线，每选择一个区域，就给该区域的所有元件的引脚布线。

（1）All 方式

① 选择"Auto Route"菜单中的"All"对话框。

② 单击"Route All"选项，系统进入自动布线的过程，所花费的时间因机器速度而异。

如果在自动布线过程中想要停止自动布线，可以选择"Auto Route"菜单中的"Stop"。

如果在自动布线过程中想要暂停自动布线，可以选择"Auto Route"菜单中的"Pause"。

如果在自动布线过程中想要重新开始自动布线，可以选择"Auto Route"菜单中的"Restart"。

（2）Net 方式

① 选择"Auto Route"菜单命令中的"Net"选项。

② 移动鼠标到需要布线的网络（焊盘或者连接线），单击鼠标左键，即可给该网络布线。如果单击的是焊盘，可能出现一个快捷菜单，这时应该选择"Pad"选项或者"Connection"选项，而不能选择"Component"选项。

③ 继续选择其他的网络，直到完成全部网络布线。最后单击鼠标右键，可取消选择网络的状态。

（3）Connection 方式

① 选择"Auto Route"菜单命令中的"Connection"选项。

② 移动鼠标到需要布线的连接线，单击鼠标左键，即可以为该连接线布线。

③ 继续选择其他的连接线，直到布完所有的连接线。最后单击鼠标右键，取消选择连接线的状态。

（4）Component 方式

① 选择"Auto Route"菜单命令中的"Component"。

② 移动鼠标到需要布线的元件，单击鼠标左键，即可以为该元件的所有引脚布线。

③ 继续选择其他的元件，直到布完所有的元件。最后单击鼠标右键，取消选择元件的状态。

（5）Area 方式

① 选择"Auto Route"菜单命令中的"Area"选项。

② 移动鼠标到需要布线区域的左上角，单击鼠标左键；拖动鼠标使得出现的矩形包含需要布线的元件，之后单击鼠标左键，以构造一个布线区域，系统将对该区域的所有元件进行布线。

③ 继续选择布线区域，直到完成所有的元件布线。最后单击鼠标右键，取消选择元件的状态。

4.6.4　设计规则的检查

在自动布线结束后，可以利用 Protel 99 SE 提供的检测功能进行规则检测，看看自动布线的结果是否满足所设定的布线要求。执行菜单命令"Tools→Design Rule Check"，出现检测选项设置对话框，如图 4-71 所示。

设计规则的检测有两种方式。其一为报表（Report），可以产生检测后的结果；其二为在线检测（On-line），也就是在布线的工作过程中对设置的布线规则进行在线检测。

1. Report 页面

Report 页面包括 4 个区域和若干个选项，分别介绍如下。

（1）Routing Rules 区域：在该区域中可设置采用下面的走线规则来检查电路。

Clearance Constraints：安全间距限制规则。

Max/Min Width Constraints：最大/最小线宽限制规则。

Short Circuit Constraints：短路限制规则。

Un-Routed Net Constraints：未完成布线限制规则。

SMD To Corner Constraints SMD：转角限制规则。

（2）Manufacturing Rules 区域：在该区域中可设置采用下面的电路板制造规则来检查电路。

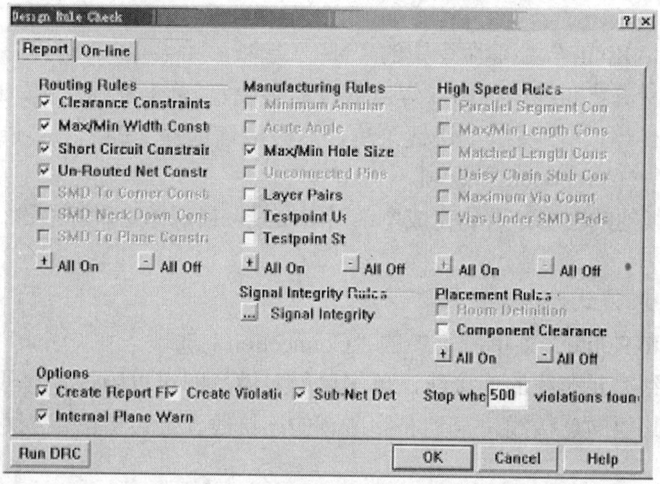

图 4-71 "Design Rule Check" 检测选项设置对话框

Minimum Annular Ring：圆环宽度限制规则。

Acute Angle：锐角限制规则。

Confinement Constraint：放置限制规则。

（3）High Speed Rules 区域：在该区域中可设置采用下面的高频电路设计规则来检查电路。

Parallel Segment Constraint：并行线段限制规则。

Max/Min Length Constraint：最大/最小走线长度限制规则。

Matched Length Constraint：等长走线限制规则。

Daisy Chain Stub Constraint：菊花链支线长度限制规则

Maximum Via Count：最大过孔数目规则。

Vias Under SMD Pads：焊盘放置过孔的规则。

（4）Options 区域：本区包含 4 个选项和一个约束。

Create Report File：产生检查报告文件。

Create Violations：违反安全间距、线宽和并行线段等设计规则时，用高亮绿色显示违规对象。

Sub-Net Details：连同子网络一起检查。

Internal Plane Warnings：内层面的检查。

Stop When xxx Violations found ：当发现 xxx 个违规时，停止检查。

2．On-Line 页面

On-Line 页面的功能是在画电路版图的过程中随时都能进行的规则检查，设置方法同 Report 页面。

设置完检测规则后，单击 "Run DRC" 按钮，即可进行规则检测，并产生规则检测报告表。

4.7 电路调整

虽然 Protel 99 SE 的自动布线的布通率几乎高达 100％，但是并不代表其布线的结果是合理、美观的。实际上，自动布线的结果往往不能令人满意，最典型的缺点就是布置的走线拐弯太多。因此一个最终成型的，能够拿到制板厂制作电路板的 PCB 图，在自动布线后必须再进行手工调整。

4.7.1 布线调整

布线调整实际上就是对布线图进行删除、重布、移动等操作。这里主要介绍如何利用系统提供的自动拆线功能。

单击菜单命令"Tools→Un-route"，出现自动拆线下拉菜单，包括有"All"，"Net"，"Connection"和"Component"4 种方式。其中，"All"方式表示拆除所有的走线；"Net"方式表示由用户指定网络，交互式地删除走线；"Connection"方式表示由用户指定走线，交互式地删除走线；"Component"方式表示由用户指定元件，交互式地删除元件引脚上的走线。

1．All 方式

选择"Tools"菜单命令，将鼠标指针移到"Un-Route"菜单项，在弹出的子菜单中选择"All"选项。

2．Net 方式

① 选择"Tools"命令菜单，将鼠标指针移到"Un-Route"菜单项，在弹出的子菜单中选择"Net"选项。

② 移动鼠标到需要拆线的网络，单击鼠标左键，即可删除指定网络的走线。

③ 单击鼠标右键，或者按下"Esc"键，取消选择网络的状态。

3．Connection 方式

① 选择"Tools"命令菜单，将鼠标指针移到"Un-Route"菜单项，选择"Connection"选项。

② 移动鼠标到需要拆线的走线，单击鼠标左键，即可删除该走线。

③ 单击鼠标右键或者按下"Esc"键，取消选择走线的状态。

4．Component 方式

① 选择"Tools"命令菜单，将鼠标指针移到"Un-Route"菜单项，选择"Component 选项"。

② 移动鼠标到需要拆线的元件，单击鼠标左键，即可删除指定元件引脚上的走线。

③ 单击鼠标右键，或者按下"Esc"键，取消选择元件的状态。

4.7.2 增加电源及地

经过自动布局、自动布线及最后的调整之后，用户获得一块比较满意的电路板。然而不知读者注意到了没有，就是在电路图中没有电源和地的输入端，因此下面将介绍如何给电路增加电源及地的输入端。

① 在布局区域中放置三个焊盘，从左到右分别代表正电源、电源地端和负电源。

② 设置焊盘所属的网络：双击已放置的焊盘进入"焊盘属性设置"对话框，如图 4-72 所示。单击"Advanced"标签，弹

图 4-72　"焊盘属性设置"对话框

出"Advanced"选项栏的内容。将三个焊盘所属的网络分别设置为"VCC"、"GND"和"VDD"。将"Electrical Type"栏设置为"Source"。设置完所属网络后，将会出现飞线将三个焊盘和同一个网络的其他焊盘连接起来。

③ 使用自动布线功能或者直接手工布线，将三个焊盘和相关的焊盘或者走线连接起来。

注意：如果使用自动布线功能，则应该使用"Connection"方式，其他方式会影响到其他走线。

4.8 手工放置对象

本节主要介绍在 Protec 99 SE PCB 设计器窗口中如何放置除元件和走线之外的其他对象，以及如何设置坐标原点等。

4.8.1 放置圆弧

圆弧一般属于注释性质，用于美化电路板的板面。放置圆弧之前需要设置好当前工作层。在 PCB 板面上放置圆弧有两种方式，分别介绍如下。

1. 以边缘方式放置圆弧

① 选择"Place"菜单命令，然后在弹出的下拉菜单中选择"Arc（Edge）"选项。

② 移动鼠标到需要放置圆弧的位置，单击鼠标左键，该位置就成为圆弧的起始点。圆弧是以整个圆出现的，其中比较粗的部分为圆弧本身。

③ 拖动鼠标直到圆弧的形状满足要求，再次单击鼠标左键，完成一段圆弧的放置。

④ 此时，设计器仍旧处于放置圆弧的状态，鼠标指针仍带有十字光标。如果想放置别的对象，则需要取消这个状态，即单击鼠标右键，退出放置圆弧状态。

2. 以中心方式放置圆弧

① 选择"Place"菜单命令，在弹出的下拉菜单中选择"Arc（Center）"选项。

② 移动鼠标到需要放置圆弧的位置，单击鼠标左键。这里和以边缘方式放置圆弧不一样的是，单击鼠标的位置不是圆弧的起始点，而是圆弧的圆中心，即该步骤是确定圆弧的圆中心。

③ 拖动鼠标直到圆弧所在圆的半径满足要求，再次单击鼠标左键确定圆弧的半径之后，窗口中出现一个完整的圆，同时带有十字光标的鼠标指针自动移到圆的最右边的点上。

④ 拖动鼠标到圆弧的起点处，再次单击鼠标左键确定圆弧的起点，再拖动鼠标到圆弧的终点处，然后再次单击鼠标左键确定圆弧的终点完成一段圆弧的放置。

⑤ 单击鼠标右键，退出放置圆弧状态。

4.8.2 放置坐标标注

坐标标注一般放置在 Mechanical Layer（机械层）上。放置坐标标注的操作步骤如下：

① 选择"Place"菜单命令，在弹出的下拉菜单中选择"Coordinate"选项；

② 拖动鼠标找到适合放置的位置，然后单击鼠标左键，放下坐标标注。

4.8.3 放置尺寸标注

尺寸标注指在两点之间放置距离注释，一般放置在 Mechanical Layer（机械层）上。放置尺寸标注的操作步骤如下：

① 选择"Place"菜单命令，在弹出的下拉菜单中选择"Dimension"选项；

② 移动鼠标到要标注距离的两点中的一点，然后单击鼠标左键；

③ 移动鼠标到另一点，单击鼠标左键，在指定的两点之间将会出现距离注释；如果两点的距离足够长，距离注释将放置在两点之间；

④ 单击鼠标右键，取消放置尺寸标注的状态。

4.8.4 放置填充

填充一般用于制作板卡插件的接触表面，或者用于增强系统的抗干扰性而设置的大面积电源及地。填充通常放置在顶层、底层或内部的电源/接地层上，当然也可放在其他工作层上。

① 选择"Place"菜单命令，在弹出的下拉菜单中选择"Fill"选项。

② 在指定的位置上单击鼠标左键，该位置即为填充的左上角。

③ 拖动鼠标使得填充的大小符合要求，然后单击左键，确定填充的右下角。

④ 单击鼠标右键取消放置填充的状态。

4.8.5 放置焊盘

焊盘穿透电路板的所有工作层，位于 MultiLayer（多层）上。元件对象通常带有焊盘，也可直接在电路板上放置焊盘。焊盘一般用于电路板的固定孔，例如电脑主板上的固定孔就是用焊盘制作的。其中一种中间是一个内孔，孔外是覆铜区。焊盘具有 4 种形状，分别为 Round（圆形和跑道形）、Rectangle（矩形），以及 Octagonal（八边形）。当横坐标宽度和纵坐标高度不一样时，Round 为跑道形，否则为圆形。

① 选择"Place"菜单命令，然后在弹出的下拉菜单中选择"Pad"选项。

② 如果放置焊盘之前没有设置好焊盘的相关参数，也可在这一步中调出焊盘的参数设置对话框，进行设置。按下"Tab"键，弹出对话框，如图 4-73 所示。一般需要设置焊盘的外形、高度、宽度和内孔直径。设置完成后单击"OK"按钮，退出参数设置对话框。

③ 在需要放置焊盘的位置上单击鼠标左键，在该位置处放置焊盘对象。

④ 单击鼠标右键，取消放置焊盘的状态。

4.8.6 放置多边形

放置多边形和填充类似，只是多边形的形状可以由用户自行绘制。多边形用法通常和填充一样，但更经常作为大面积的电源或者地，以增强系统的抗干扰性。

① 选择"Place"菜单命令，然后在弹出的下拉菜单中选择"Polygon Plane"选项。

图 4-73 焊盘参数设置对话框

② 在弹出的对话框中进行参数设置。其中"Hatching Style"参数用于指定多边形的样式类型，通常只需要设置这个参数。设置完毕后单击"OK"按钮，退出对话框。

③ 在这一步，鼠标指针上增多一个十字光标，表示可以开始绘制多边形。移动光标在需

要放置多边形的地方，单击鼠标左键。

④ 移动鼠标到合适的位置，单击鼠标左键，形成多边形的一条边。这样继续下去，直到多边形的形状满足要求。最后单击鼠标右键，形成一个封闭的多边形。

⑤ 单击鼠标右键，取消放置多边形的状态。

4.8.7　放置字符串

字符串通常用于注释电路板，一般放置在丝印层上。

① 选择"Place"菜单命令，然后在弹出的下拉菜单中选择"String"选项。

② 按下"Tab"键，弹出字符串参数设置对话框。一般只需设置字符串的内容（即"Text"）。设置完成后，单击"OK"按钮，退出对话框。

③ 移动鼠标到需要放置字符串的位置，单击鼠标左键，将字符串放置到电路板上。放置前可按空格键来调整其方向。

④ 单击鼠标右键，取消放置字符串的状态。

4.8.8　放置过孔

过孔是各个工作层中的走线相互连通的中介。例如，顶层上的一条走线需要和底层上的另一条走线连接，则可以放置一个全通过孔来将两条走线连接起来，形成电气上的连通。

过孔一般有两种类型。一种是全通过孔，即穿透整个电路板；另一种是盲孔，只有一个开孔或者没有开孔。全通过孔和焊盘的形状类似，差别是过孔的外形只能是圆形的，而焊盘具有"圆形"、"跑道形"、"矩形"及"八边形"4 种形状。

① 选择"Place"菜单命令，然后在弹出下拉菜单中选择"Via"选项。

② 按下"Tab"键，弹出过孔参数设置对话框，一般需要设置"Diameter（过孔外直径）"，"HoleSize（内孔直径）"及过孔类型（即过孔位于哪些工作层上）。设置完成后，单击"OK"按钮。

③ 移动鼠标到需要放置过孔的位置，单击鼠标左键，即在电路板上放置好过孔。通常设置为自动放置过孔。

④ 单击鼠标右键，取消放置过孔的状态。

4.8.9　设置用户坐标系

在电路板的设计过程中，系统默认使用的是系统本身的坐标系，坐标原点在 PCB 文档的左下角。用户可根据需要重新设置坐标原点。如将用户坐标系的坐标原点设置在电路板的左下角，则状态栏上显示的坐标位置正好是对象在电路板的确切位置。电路板的大小也一目了然。

① 选择"Edit"菜单命令，在弹出的下拉菜单中，将鼠标指针移到"Origin"选项，之后在弹出的菜单中选择"Set"选项。

② 移动鼠标到需要设置为坐标原点的位置（例如电路板的左下角），单击鼠标左键，相应的位置即变成用户坐标系的原点。

若要恢复默认的坐标系，按照如下方法进行操作：

选择"Edit"菜单命令，在弹出的下拉菜单中，将鼠标指针移到"Origin"选项，在弹出的子菜单中选择"Reset"选项。

小　　结

1. 菜单快捷键

F1　　运行帮助主题

A　　弹出自动布线选项子菜单

B　　弹出工具栏显示子菜单

D　　弹出设计选项菜单

E　　弹出编辑菜单

F　　弹出文件菜单

G　　弹出布线栅格尺寸菜单

H　　弹出帮助菜单

J　　编辑菜单跳越子菜单

M　　编辑菜单移动子菜单

O　　电路板选项弹出菜单

P　　手工放置菜单

R　　报表选项菜单

S　　编辑菜单选择子菜单

T　　弹出工具菜单

U　　工具菜单手动撤线菜单

V　　显示选项菜单

W　　窗口选项菜单

X　　编辑菜单取消选择子菜单

Z　　图像缩放菜单

以上菜单快捷键加上它所对应的菜单中相应选项带下划线的字母,可以打开相应的窗口或执行相应的命令。

2. 专用模式快捷键

Tab 或双击鼠标左键:快速打开一个被放置对象属性对话框,允许用户编辑正在被放置的对象的属性。

Space:改变被放置导线起点到终点的拐角方向,对正在被移动的对象进行逆时针旋转,中断屏幕重绘,改变小屏幕的放大倍率。

Shift:键盘操作时按下"Shift"键后配合光标键可以加快光标的移动速度。

Shift+Space:改变被放置导线起点到终点的拐角方式(不拐角→大圆角→直角+45°折线→直角+45°折线+小圆角→直角→直角+小圆角→不拐角)。

3. 键盘快捷键

L　　　　　板层开启选项和栅格选项对话框

Q　　　　　公制与英制的切换

Ctrl+G　　栅格尺寸对话框

Ctrl+H　　选择编辑物理网络(高亮显示)

Pgup	放大
Pgun	缩小
Ctrl+PGUP/PGDN	放大率最大/最小
Ctrl+INS	复制
Ctrl+DEL	剪切
Shift+INS	粘贴
Shift+DEL	删除
Alt+BACKSPACE	取消前一次操作
Ctrl+BACKSPACE	恢复取消的操作
*	信号层的切换
+ or −	下一层/上一层的切换
Up/Down	垂直移动一个栅格
Shift+UP/Down	垂直移动十个栅格
Left/ROGHT	水平移动一个栅格
Shift+LEFT/RIGHT	水平移动十个栅格
Z+A	最大化显示全部对象
S+A	选取全部图件
X+A	取消选取图件的选取状态

4. 绘图工具栏

⌐ᵗ	绘制导线
⊙	放置焊盘
⌐	放置过孔
T	放置文字
₊¹⁰'¹⁰	放置坐标
∕¹⁰	放置尺寸标注
⊠	放置相对原点
‖‖	放置元件
⌒	绘制圆弧（中心法）
⊙	绘制圆弧（边缘法）
▢	矩形填充
⊿	放置铺铜
⊡	多边形填充
↘	粘贴

5. 编辑电路板

（1）剪切：菜单"Edit→Cut"是剪切命令。将选择的对象剪切到剪贴板中，并且删除该对象。类似于 Windows 中的剪切命令，但只能在 Protel 99 SE 中使用。快捷键为：Shift+Del。

（2）复制：菜单"Edit→Copy"是复制命令。将选择的对象复制到剪贴板中，而对象不删除。类似于 Windows 操作系统中的复制命令。但只能在 Protel 99 SE 中使用。快捷键为：Ctrl+Ins。

（3）粘贴：菜单"Edit→Paste"是粘贴命令。将剪贴板中的对象粘贴到需要的位置。类似于 Windows 操作系统中的粘贴命令，但是只能在 Protel 99 SE 中使用。粘贴对象时，对象的序号将自动增加。快捷键为：Shift+Ins。

（4）阵列粘贴：菜单"Edit→Paste Special"是阵列粘贴命令。该命令可以提高画图效果。在进行阵列粘贴前，必须首先选择阵列粘贴的对象，将这个对象剪切或复制到剪贴板中，然后选择"Edit→Paste Array"菜单，出现对话框。

① Setup 页面，包含 4 个选项。

Paste On Current layer：将对象粘贴在当前板层。

Keep net name：粘贴时保持网络名称。

Duplicate designator：复制元件序号。若不选择本项，则在粘贴时自动编号区分粘贴对象。

Add to component class：将粘贴的元件纳入同一类元件。

② Paste 按钮，按照以上设置粘贴一个对象。

③ Paste Array 按钮，当单击该按钮时，屏幕出现 4 个对话框区域。

● placement Variable 区域，有两个选项。

Item Count：粘贴对象的个数。

Text Increment：对象序号增量。

● Array Type 区域，有两个选项

Circular：圆形粘贴布局。

Linear：直线粘贴布局。

● Circular Array 区域，有两个选项。

Rotate Item to Match：圆形粘贴时，各对象随粘贴角度旋转。

Spacing（Degree）：圆形粘贴时，各对象之间的角度。

● Linear Array 区域，有两个选项。

X-Spacing：直线粘贴的对象水平间隔距离，正数表示从左向右，负数表示从右向左。

Y-Spacing：直线粘贴时对象垂直间隔距离，正数表示从下向上，负数表示从上向下。

直线粘贴时只要设置好粘贴参数，单击"OK"按钮，移动鼠标指针到需要粘贴的第一个粘贴位置，单击鼠标左键。

圆形粘贴需要在设置好参数后，单击"OK"按钮，移动鼠标指针到圆形粘贴的圆心，单击鼠标左键，再移动鼠标指针到圆形粘贴的圆周，单击鼠标左键，就可看到粘贴已经完成。

（5）清除对象：菜单"Edit→Clear"是删除被选择的对象的命令。首先选择要删除的对象，再使用该命令删除对象。

（6）选择对象：菜单"Edit→Select"用于选择对象，使对象进入选择状态。选择对象的菜单命令很多，可以使用不同菜单命令选择不同的对象。

① Inside Area：选择内部区域。当单击该菜单后，光标变成十字形；先在选择区域的左上角单击鼠标，然后在选择区域的右下角单击鼠标，就可以看到选择区域的颜色变化了。

② Outside Area：选择外部区域。选择方法同上，但选择的是选择区域的外部区域。

③ All：选择所有对象。

④ Net：选择网络。当单击该菜单后，光标变成十字形，用鼠标单击想要选择的网络。

⑤ Connected Copper：选择铜膜线。当单击该菜单后，光标变成十字形，用鼠标单击想要选择的铜膜线。

⑥ Physical Connection：选择含有网络的铜膜线。当单击该菜单后，用鼠标单击想要选择的铜膜线。

⑦ All on Layer：选择当前板层的所有对象。

⑧ Free Objects：选择除元件以外的所有对象。

⑨ All Locked：选择所有锁定对象，就是移动对象时需要确定的对象。

⑩ Off Grid Pads：选择不在栅格上的焊盘。

⑪ Hole Size：按钻孔尺寸选择焊盘—过孔。单击该菜单后，屏幕出现对话框。其中，"Hole Size" 区域中的下拉列表栏用于设定筛选钻孔尺寸条件表达式的比较符号。输入栏用于输入比较数值。

Include Vias：设定选择的范围包括过孔。

Include Pads：设定选择的范围包括焊盘。

Deselect All：选择过孔焊盘的同时将取消以前所选择对象的选择状态。

Toggle Selection：选择状态切换。当选择该菜单后，用鼠标选择未被选择的对象，使对象进入选择状态，还可以将已经选择的对象去掉选择状态。

（7）清除对象的选择状态：菜单 "Edit→Deselect" 的功能去掉选择状态。该菜单的含义基本同 "Select" 菜单，但功能是去掉选择状态。

（8）查询管理器：菜单命令 "Edit→uery manager" 可以启动查询管理器，通过该管理器可以对电路板中的所有元件进行查询，菜单中有如下的选项。

Name 输入框：用于输入查询名称。

Statements 输入框：用于输入查询条件。

Delete 按钮：用于删除一个查询。

Add 按钮：用于添加一个查询。

Edit 按钮：编辑一个查询。

Wizard 按钮：用于启动一个查询向导。单击 "Wizard" 按钮，进入查询向导窗口，查询向导会一步一步地引导，最后形成查询条件。查询向导的第一个窗口，是引导进入查询设置。在向导的第二个窗口，选择需要进行查询的对象，单击 "Next" 按钮出现第三个窗口。在第三个窗口中确定对象属性（Property）、运算符（Operator）和对象查询条件（最右侧的下拉框），然后单击 "Add" 按钮，将该设置填写在 Statement 输入框中。若还有查询，可用同样的方法继续添加。当所有条件都填写完成后，单击 "Next" 按钮，出现第四个窗口。在第四个窗口中输入查询的名称，单击 "Next" 按钮，出现查询向导的最后一个窗口。单击 "Finish" 按钮，完成向导。

（9）删除对象：菜单 "Edit→Delete" 命令用于删除对象。选择该菜单后，删除哪个对象就用鼠标单击哪个对象。快捷键为 Ctrl+Delete。

（10）编辑对象属性：菜单 "Edit→Change" 用于编辑对象属性。

（11）移动对象：菜单 "Edit→Move" 命令用于移动对象。移动对象的菜单中有子菜单。

① Move：移动对象。选择该选项后，光标变成十字形，用鼠标左键单击对象，可以移动对象。

② Drag：拖动对象。基本功能与 Move 相同，但是当移动具有连线的对象时，不会折断

铜膜线。需要将在菜单命令"Tool→Preference"中的"Component Drag"栏设置为"Connected Tracks"。

③ Component：移动元件。基本功能同 Move，但是在移动元件过程中不会折断铜膜线。需要将"Tool→Preference"中的"Component Drag"栏设置为"Connected Tracks"。

④ Re-Route：移动铜膜线，给铜膜线增加节点。当单击该菜单后，光标变成十字形，用鼠标左键单击铜膜线，形成一个节点。移动鼠标可以移动该节点，若不想移动，单击鼠标右键就可以了。

⑤ Break Track：增加节点重新走线。与 Re-Route 功能基本类似。

⑥ Drag Track End：鼠标自动抓住节点，编辑铜膜线。

⑦ Move Selection：移动被选择的对象。首先选择对象，然后选择该菜单，光标变成十字形，鼠标左键单击选择的对象，然后移动对象。

⑧ Rotate Selection：旋转对象。首先选择想要旋转的对象，然后单击本菜单，在出现的窗口输入要旋转的角度，光标变成十字形，用鼠标左键单击需要旋转的对象，则所选择的对象就按指定的角度旋转。

⑨ Flip Selection：水平翻转对象。首先选择水平翻转的对象，然后单击本菜单，则选择的对象就会水平翻转。

⑩ Polygon Vertices：移动铺铜的边。

⑪ Split Plane Vertices：移动子平面的边。

（12）设置与删除坐标原点：菜单命令"Edit→Origin"用于设置电路板原点，有两个选项。

Set：设置坐标原点。单击"Set"菜单后，原点坐标跟随鼠标移动；当鼠标移到放置原点的位置时，单击鼠标左键将原点放置在电路版图上。

Reset：取消坐标原点。

（13）跳转：菜单命令"Edit→Jump"用于跳转到电路版图中的某个对象或某个地方。

① Absolute Origin：跳转到绝对原点。

② Current Origin：跳转到当前原点。

③ New Location：跳转到某位，可以输入坐标，然后根据坐标跳转。

④ Component：跳转到某元件。单击本菜单后，屏幕出现元件名输入窗口，在该窗口可以输入想要跳转的元件名。要是忘记了元件名，可以单击"OK"按钮，屏幕显示元件列表窗口。在元件列表窗口中选择元件，然后选择"OK"按钮，则自动将选择的元件显示在电路板窗口。

⑤ Net：跳转到网络。本菜单的使用方法基本同 Component。

⑥ Pad：跳转到焊盘。本菜单的使用方法基本同 Component。

⑦ String：跳转到文字。本菜单的使用方法基本同 Component。

⑧ Error Marker：跳转到错误标记，如短路、连接错误等。

⑨ Selection：跳转到被选择的对象。

⑩ Location Marks：跳转到预设置标记。选择本菜单中代表某一位置的数字，就可以跳转到那个位置。

⑪ Set Location Marks：设置跳转标记，共可设置 10 个标记。首先选择本菜单中的一个数字，然后用变成十字形的光标单击电路版图中需要跳转的地方。

（14）元件的排列：菜单"Tool/Interactive Placement"用于元件的排列与对齐，是非常有用的功能。该功能由该菜单中的各个子菜单完成。

① Align：将选择的元件，以指定对齐的方式排列。选择该菜单后，屏幕出现两个对话框。

● Horizontal 区域：用于水平方向对齐，有如下选项。

No Change：水平方向不需要对齐。

Left：以选择元件中最左边的元件对齐元件。

Center：以选择元件中水平方向的中间位置对齐元件。

Right：以选择元件中最右边的元件对齐元件。

Space equally：水平方向均匀分布。

● Vertical 区域：用于垂直方向对齐，有如下选项。

No change：垂直方向不需要对齐。

Top：以选择元件中最上面的元件对齐元件。

Center：以选择元件垂直方向的中间位置对齐元件。

Bottom：以选择元件中最下面的元件对齐元件。

Space Equally：垂直方向均匀分布。

② Position Component Text： 该菜单命令用于设置元件的编号、注释的位置。当启动该命令后，屏幕出现对话框。其中 Designator 是元件编号，Comment 是元件注释。需要更改它们的位置时，只要用鼠标在需要位置上的孔上单击就可以了。

Align Left：左对齐。

Align Right：右对齐。

Align Top：顶端对齐。

Align Bottom：底端对齐。

Center Horizontal：以鼠标单击的元件垂直排列元件。

Center Vertical：以鼠标单击元件的位置水平排列元件。

③ Horizontal Spacing 元件水平距离的调整。

Make Equal：将元件之间调整为等距离。

Increase：增加元件之间的水平距离。

Decrease：减少元件之间的水平距离。

④ Vertical Spacing 元件垂直距离的调整。

Make Equal：将元件之间调整为等距离。

Increase：增加元件之间的垂直距离。

Decrease：减少元件之间的垂直距离。

⑤ Arrange Within Room：该菜单的功能是在元件框内安排元件。

⑥ Arrange Within Rectangle：该菜单的功能是在一个鼠标画出的矩形框内排列元件。

⑦ Arrange Outside Board：该菜单的功能是将元件安排在禁止层中确定的电路板外。

⑧ Move to Grid：该菜单的功能是将元件移动到栅格上。栅格间距可以在输入框中输入。

（15）重新排列元件编号：菜单"Tool/Re-Annotate"用于重新排列电路板上的元件编号。选择该菜单，屏幕出现对话框。在对话框中可以选择五种排列方法。

By Ascending X Then Ascending Y：垂直方向升序，水平方向升序。

By Ascending X Then Descending Y：垂直方向降序，水平方向升序。

By Ascending Y Then Ascending X：水平方向升序，垂直方向升序。

By Descending Y Then Ascending X：垂直方向降序，水平方向升序。

Name From Position：由元件位置确定元件序号。

（16）测量距离：当选择"Reports→Measure Distance"菜单后，光标变成十字形。先用十字光标选择待测量距离的起点，单击鼠标左键后选择终点，再单击鼠标左键，屏幕显示距离测量的结果。

（17）测量焊盘、铜膜线等对象之间的距离：当选择"Reports→Measure Primitive"菜单后，光标变成十字形。先用十字光标选择待测量距离中的第一个对象，单击鼠标左键后选择第二个对象，再单击左键，屏幕显示距离测量的结果。

（18）窗口显示与配置：调整电路板显示比例及窗口显示内容，将给设计带来方便，其方法如下：

① 显示所有对象。菜单"View→Fit Document"在显示窗口中显示所有对象。

② 显示禁止层边界内的内容。菜单"View→Fit Board"在显示窗口显示"Keep Out"禁止层边界内的对象。

③ 显示某区域内的对象。菜单"View→Area"将指定区域内的电路板放大到全窗口。区域的选择是用鼠标左键单击区域左上角和右下角。

④ 显示某点附近的区域。菜单"View→Around Point"将一个点附近的区域放大到全窗口。区域的选择是用鼠标左键单击要放大区域的中心，然后移动鼠标到要放大区域的边缘，再单击鼠标。

⑤ 显示被选择的对象。菜中"View→Selected Objects"用于显示被选择的对象。

⑥ 放大显示。菜中"View→Zoom In"放大显示区域，功能同"Page Up"。

⑦ 缩小显示。"View→Zoom Out"缩小显示区域。功能同"Page Down"。

⑧ 恢复前一次显示。菜单"View→Zoom Last"显示前一次显示的区域。

⑨ 刷新电路板设计窗口。菜中"View→Refresh"用于刷新电路板设计窗口。

⑩ 立体显示电路板。菜单"View→Board in 3D"用于立体显示电路板。

⑪ 切换设计管理器。菜单"View→Design Manager"用于切换设计管理器。

⑫ 切换状态条。菜单"View→Status Bar"用于切换状态条。

⑬ 切换命令条。菜单"View→Command Status"用于切换命令条。

⑭ 切换工具条。菜单"View→Tool Bar"用于切换工具条。其中可切换的工具条为主工具条（Main Toolbar），画图工具条（Placement Tools），用户定制工具（Customize）。

⑮ 切换长度显示单位。菜单"Toggle Units"用于切换长度单位的显示格式。在公制长度单位和英制长度单位之间切换。

习 题 四

4-1　画图4-73所示原理图，建立网络表，观察网络表与原理图之间的对应关系。再建立电路版图，将网络表调入电路版图中，并进行手工布局。

提示：画原理图时注意将元件封装输入元件属性。在进行DRC检查后，建立网络表。本图元件的型号及封装见表1。调入网络表，在电路版图窗口中选择网络表文件，单击"OK"按钮，可以看到网络表已经转换成可以执行的宏命令显示在窗口的下部，这时应该观察窗口底部的状态条以确认所有的宏命令是否有效，若是出现错误就应该找出错误的原因。一般是元件封装名称不对，致使在封装库中找不到，或者是因为封装可以找到，但是引脚号和焊盘号不一致。由于元件 D1 的引脚号是 1 和 2，而封装 D0-41 的焊盘号是 A 和 K，所以在调入网络表的时候会出现"Node not found"的错误。更改错误，在原理图中双击二极管 D1，然后在属性对话框中，选择 Hidden Pins 前的小方框，关闭属性对话框后，就可以看见二极管的引脚号显示出来，确认引脚号和二极管阴极、阳极之间的关系。将当前窗口切换到电路版图，在封装库管理器中选择"International Rectifiers"库，再在库中找到 D0-41 封装，单击管理器中的"Edit"按钮，屏幕被切换到元件封装编辑窗口，并显示二极管的封装，双击焊盘，将焊盘号 A 改为 1，K 改为 2。存盘后，再调用网络表即可。

4-2　在 4-1 题的基础上，直接修改网络表，将 RP1 的 10 脚和 J1 的 16 脚连接在一起。

提示：执行菜单命令"Design→Netlist Manager"，在弹出的网络管理三个窗口中，选择中间窗口底部的"Add"按钮，这时屏幕将出现一个网络窗口，将需要连接的引脚从左侧添加到右侧，然后在窗口顶部网络名（Net Name）文字输入框输入新建网络名称（NewNet1）后，单击"OK"按钮关闭添加网络窗口，再单击"Close"按钮关闭网络表管理窗口，这时就可以看到电路版图上多了一条连接 RP1 的 10 脚和 J1 的 16 脚的连线，同时在连线的焊盘上显示网络名 NewNet1。

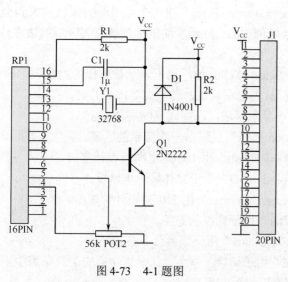

图 4-73　4-1 题图

表 1　元件的型号、编号及封装

元件型号	元件编号	元件封装
1N4001	D1	DO-41
1 μ	C1	RAD-0.1
2N2222	Q1	TO-92A
2k	R1	AXIAL-0.3
2k	R2	AXIAL-0.3
16PIN	RP1	IDC16
20PIN	J1	IDC20
32768	Y1	XTAL-1
POT2	56k	VR-2

4-3　在 4-1 题的基础上，将网络进行分类，要求将 NetRP1_13、NetRP1_15 和 NetRP1_16 三个网络合并成一类，并起名为 Net_Class1。

提示：使用菜单命令"Design-Netlist Manager"，屏幕弹出网络管理的三个窗口，在左侧的网络分类窗口中显示有"All Nets"的分类，该分类不能编辑。单击窗口底部的 Add 按钮，屏幕显示网络分类对话框，其中左面显示的是所有网络（Non-Members），右侧窗口（Members）没有任何显示，使用两个窗口之间的箭头按钮，将 NetRP1_13、NetRP1_15 和 NetRP1_16 网络添加到右侧窗口中，再在网络分类名文字输入框中输入 Net_Class1 的分类名，然后单击"OK"按钮即可（或者使用菜单命令："Design→Classes"，该命令不仅可以对网络进行分类，还可以对元件（Component）、Form-To 网络和焊盘（Pad）进行分类）。

4-4　对 4-1 题的电路版图建立地线和电源线的 From-To 网络，就是使电源连线的源头在

J1 的 1 脚，而地线的源头在 J1 的 20 脚。这种连接方式又称为星形连接，常用在低频电路的抗干扰布线设计中。

提示：执行菜单命令："Design→From→To Editor"，在 From-To 编辑器窗口左上角 "Net" 区域的下拉框中选择 "网络 GND"，这时在窗口中将显示该网络中的焊盘，各个焊盘的位置就是它们在电路版图中的实际位置。在 "Edit" 区域中的 "From Pad" 下拉框中选择 "J1-20" 焊盘，在 "To Pad" 下拉框中选择 "56k-2" 焊盘，然后单击 "Add" 按钮，这时就可以看到在 "From-Tos" 区域显示 GND（J1-20：56k-2），同时在窗口中的两个焊盘之间连接了一条线；按照同样的方法在 "From Pad" 下拉框中选择 "J1-20"，再在 "To Pad" 下拉框中选择 "焊盘 Q1-3" 后，用 "Add" 按钮将该连接添加到 "From-Tos" 区域。

4-5　在 4-4 题的情况下，进行自动布线，将布局不够合理的地方重新进行手动调整。

第5章　PCB报表生成及相关输出

Protel 99 SE 的印制电路板设计系统提供了生成各种报表的功能。在菜单"Reports"下，它可以给用户提供有关设计过程及设计内容的详细资料。这些资料主要包括设计过程中的电路板 状态信息、零件封装信息、网络信息，以及布线信息，等等。

5.1　生成引脚信息报表

引脚信息报表能够提供电路板上选取的引脚信息，用户可在菜单命令"Edit→Select"下的选择命令选取所需的引脚，然后执行菜单命令"Reports→Selected Pins"，弹出"选取引脚（Selected Pins）信息"对话框，如图 5-1 所示。

图 5-1　"选取引脚信息"对话框

对话框中列出选取引脚的信息，单击"OK"按钮，系统进入文本编辑器（Text Editor），并且生成引脚报表文件"*.dmp"，可以帮助用户比较方便地检验网络上的连线。

5.2　生成电路板信息报表

电路板信息报表的作用在于给用户提供一个电路板的完整信息，包括电路板尺寸、电路板上的焊盘、导孔的数量，以及电路板上的零件标号，等等。

执行菜单命令"Reports→Board Information"，弹出"电路板信息"对话框，如图 5-2 所示。该信息对话框有三个选项卡分别如下。

① General 选项卡，主要用于显示电路板的一般信息，如电路板大小，电路板上各个组件的数量，如导线数、焊盘数、导孔数、覆铜数、违反设计规则的数量，等等。

② Components 选项卡，用于显示当前电路板上使用的零件序号，以及零件所在的板层等信息。

③ Nets 选项卡，用于显示当前电路板中的网络信息。

单击"Nets"选项卡中的"Pwr / Gnd"按钮，弹出"内部板层信息"对话框。这个对话框列出各个内部板层所接的网络、导孔和焊盘，以及导孔或焊盘与内部板层间的连接方式。

单击"Report"按钮，系统弹出选择报表项目对话框，如图 5-3 所示。可以选择"All Off"选项，不选择任何项目；或者选择"All On"选项，选择所有项目；也可选择需要产生报表的项目，即使用鼠标在复选框中选中需要的各个项目即可。还可选中"Selected Objects"复选框，只产生所选中对象的电路板信息报表。报表项目选好后单击"Report"按钮，系统生成电路板信息报表文件*.rep。

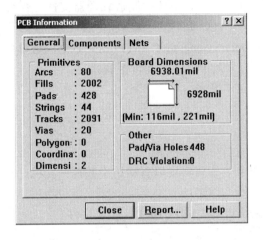

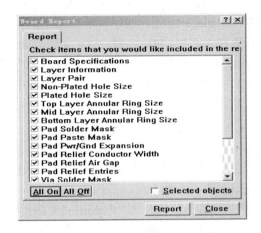

图 5-2 "电路板信息"对话框   图 5-3 "选择报表项目"对话框

5.3 生成零件报表

零件报表功能可以用来整理一个电路或一个项目中的零件，形成一个零件列表，以供用户查询。生成零件报表的具体操作如下。

① 执行菜单命令"File→New"，系统弹出"新建文件"对话框，单击"CAM Output Configuration"按钮，即生成辅助制造输出文件。

② 单击"OK"按钮，系统弹出"选择 PCB 文件"对话框，其中列出了在同一文件下的所有 PCB 文件，用户可以选择需要产生报表的 PCB 文件。

③ 选中一个 PCB 文件，单击"OK"按钮。系统弹出"生成输出向导"对话框，单击"Next"按钮。

④ 系统弹出"选择产生文件类型"对话框，默认选择为 BOM（Bill of Material）类型，单击"Next"按钮。

⑤ 系统弹出"输入 BOM 报表名称"对话框，输入"PCB4"，单击"Next"按钮。

⑥ 弹出"文件格式选择"对话框，可以选择 BOM 表的格式。Spreadsheet 为展开的表格式，Text 为文本格式，CSV 为字符串形式。这里使用默认设置，单击"Next"按钮。

⑦ 系统弹出"选择元件的列表形式"对话框。在这个对话框里可以选择元件的列表形式，系统提供了如下两种列表形式。

List：该单选项将当前电路板上所有元件列表，每个元件占一行，所有元件按顺序向下排列。

Group：该单选项将当前电路板上的具有相同元件封装和元件名称的元件作为一组，每组占一行，分别列出。

⑧ 选择列表形式后，单击"Next"按钮，系统弹出"选择元件排序依据"对话框。该对话框中 Select the sorting method 操作项用于选择排序的依据。如果选择 Comment，则用元件名称对元件报表排序；Check the fields to included in the report 操作项用于选择报表所要包含的范围，包括 Designator、Footprint 和 Comment。

⑨ 选择报表包含的范围后，单击"Next"按钮，系统弹出完成对话框。如果前面某步想更改，可以单击"Back"按钮，返回前面的操作对话框，重新设置。

⑩ 最后弹出结束对话框，单击"Finish"按钮，结束产生辅助制造管理器文件。系统默认 CAMManagerl.cam，创建一个 PCB4.Bom 报表。不过，此时还不能查看报表的内容。

⑪ 进入 CAM Managerl. cam 文件，执行"Tools→Generate CAM Files"命令，这时系统产生 BOM for PCB4.Bom/txt 等元件报表文件，可以看到 PCB4 的元件报表。

用户也可以在 BOM for PCB4.Txt 文件中查看元件报表。

5.4 生成 NC 钻孔报表

钻孔文件在制作电路板时，提供所需的钻孔资料，该资料可以直接用于数控钻孔机。生成 NC 钻孔报表有两种方法。

第一种执行菜单命令"Report→NCDrill"，系统自动生成 PCB4.Drr 报表文件。

第二种具体操作如下：

① 执行菜单命令"File→New"，选择"CAM Output Configuration"选项。

② 单击"OK"按钮，再单击"Next"按钮。

③ 选择"NC Drill [Generates NC drill files]"选项。

④ 单击"Next"按钮。

⑤ 系统弹出"输入报表文件名"对话框，此时可输入 NC Drill 文件名；在此输入 PCBNC，然后单击"Next"按钮。

⑥ 系统弹出单位设置对话框，用户可以选择单位（Inches 或 Millimctcrs），还可选择单位格式（其中 2：3 格式单位的分辨率为 1 mil，2：4 格式单位的分辨率为 0.1 mil，2：5 格式单位的分辨率为 0.01 mil）。这里用默认值，单击"Next"按钮。

⑦ 最后弹出结束对话框，单击"Finish"按钮，即可结束产生辅助制造管理器文件，系统默认 CAM Manager2. cam 文件。本实例中创建一个 PCB4.Drr 报表，不过此时还不能察看报表的内容。

⑧ 进入 CAM Manager2. cam 文件，执行菜单命令"Tools→Generate CAM Files"，系统产生 PCB4.Drr 数控钻孔报表文件。切换到 PCB4.Drr 文件。可以看到本实例的数控钻孔报表。其实总共产生了三个文件，即 PCB4.txt、PCB4.drl 和 PCB4.Drr。真正的数控程序以文本文件的方式保存为 PCB4.Txt。

5.5 生成电路特性报表

Protel 99 SE 为用户提供生成电路特性报表的命令。电路特性报表提供一些有关元件的电特性资料。生成电路特性报表的操作方法如下：

① 首先执行菜单命令"Reports→Signal Integrity"；

② 系统切换到文本编辑器，并且产生电路特性报表，生成的电路特性报表为 PCB4. SIG。

5.6 其他相关输出

在"Reports"菜单命令下，还有其他命令。如

Design Hierarchy：该命令是输出设计的层面报告。

Netlist Status：该命令是输出网络状态报表。

Measure Distance：该命令用于测量任意两点间的距离。如测量元件 HEADER 中两引脚的距离。

Measure Primitives：该命令用于测量电路板上焊盘、连线和导孔间的距离。

如果用户还想生成元件位置报表，则可执行生成计算机辅助制造文件（CAM）的操作，选择生成 Pick Place（Generate Pick and Place File）类型，即可生成元件位置报表。

习 题 五

5-1　对第 4 章所完成的 PCB 设计或软件中自带例子的 PCB，选取所需的引脚并生成引脚报表，且与原理图中对应比较。

5-2　对 5-1 题中的 PCB，生成电路板信息报表。

5-3　对 5-1 题中的 PCB，生成零件报表和生成电路特性报表，并整理形成一个零件列表。

5-4　对 5-1 题中的 PCB，生成其他报表。

第6章 层次电路原理图的设计

本章主要列举一个较大型的设计项目，介绍如何进行模块化的层次原理图设计。它包括方块电路的设计，由方块电路符号产生新原理图文件及 I/O 端口符号，由原理图文件产生方块电路符号以及不同层电路文件间的切换等内容。

6.1 层次电路原理图的建立

由于电路的模块化的设计或图纸的限制或为了阅读的方便等原因，常常会将一个复杂的电路图绘制成顶层总框图（方块电路原理图）和数张电路图，而它们的组合关系常常采用层次式电路关系。层次电路的概念就像文件管理的树状结构。在实际应用中，一般都使用模块化的方块电路来划分整个电路。

下面以软件中自带的例子 Design Explorer 99 SE\Examples Z80 Processor 为例，介绍层次电路原理图的建立。其方块电路原理图如图 6-1 所示。

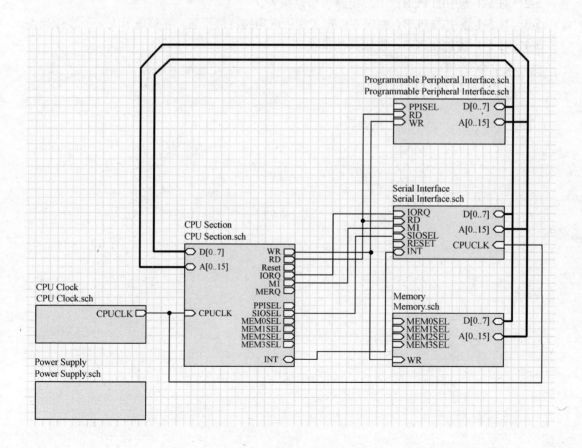

图 6-1 方块电路原理图

它主要包括存储器模块（Memory），CPU 模块（CPU Section），电源模块（Power Supply），CPU 时钟模块（CPU Clock），可编程外围接口模块（Programmable Peripheral Interface）和串行接口模块（Serial Interface）等模块。

其建立的步骤如下（自顶向下的建立方法）。

① 建立顶层方块电路原理图。

新建一个原理图文件。为了便于区分，对顶层文件以扩展名.prj 命名。即命名为"Z80 Processor.prj"。此时进入原理图编辑状态。

② 放置顶层方块电路。

执行放置方块电路菜单命令"Place-Sheet Symbol"，按功能键"Tab"，在弹出的"Sheet Symbol"对话框的"File name"选项中，输入该方块电路所对应的原理图文件名"Memory.sch"；在"Name"选项输入方块电路名"Memory"。设置完其他项后，单击"OK"按钮，即放置好一方块电路。同理放置其他几块方块电路。

③ 放置方块电路端口。

执行放置方块电路端口菜单命令"Place-Add Sheet Entry"。将鼠标移到电路图中的模块上，单击鼠标左键，确定端口所在的方块电路。按"Tab"键，在弹出的"Sheet Entry"对话框中，按要求设置端口属性，即可放置电路端口。

注意：各方块电路之间有电气连接关系的两个端口，其 I/O 类型必须设置为相反，否则在进行电气法则测试时会出现错误。

④ 绘制导线、总线。

⑤ 设计下一级电路原理图。

执行菜单命令"Design→Create Sheet From Symbol"， 如图 6-2 所示。

图 6-2　Design 下拉菜单选项

⑥ 将十字光标单击方块电路，即自顶向下地建立了一个与之接口相对应的电路原理图，再具体设计该电路原理图。设计好的模块 Serial Interface.sch 电路如图 6-3 所示。对于电路图中仍有方块电路图的还要继续设计下一级电路原理图，如图 6-4，图 6-5 所示。

对于自下向上逐级建立层次原路图的过程，执行菜单命令"File→New"，新建立一个原理图文件，并且命名为*.sch。先具体设计最底层各模块电路，再设计上一层模块电路或层次原理图。重要的是，各级模块电路的文件名称一定要衔接好，否则层次原理图的结构将出现混乱。

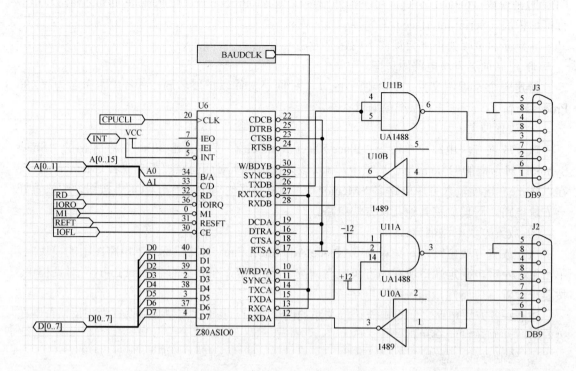

图 6-3 Serial Interface.sch 电路

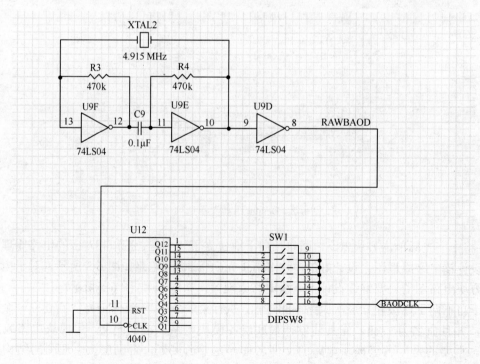

图 6-4 Serial Baud Clock.sch 电路

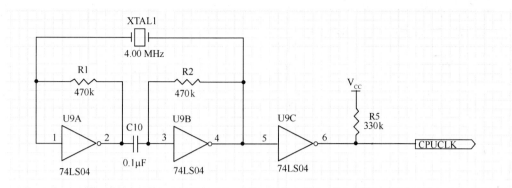

图 6-5　CPU Clock.sch 电路

6.2　由方块电路符号产生新原理图及 I/O 端口

在建立层次原理图时，层间同名电路模块之间的文件名及 I/O 端口名称必须相同，层间同名端口 I/O 类型必须全部相同或相反。为了确保这一点，Protel 99 SE 中提供由方块电路符号产生新原理图文件及 I/O 端口符号，或由原理图文件产生方块电路符号的功能。

① 执行菜单命令"Design→Create Sheet From Symbol"。

② 将十字光标移到其中一块方块电路上，单击鼠标左键，弹出"Confirm"对话框。该对话框让用户确定将自动产生的 I/O 端口的 I/O 类型是否与上层方块电路中的相反。若要相反，按"Yes"按钮；否则，按"No"按钮。在同一设计方案中，这一选择必须一致。单击"Yes"按钮，系统自动产生一个已经打开的原理图文件，并将 I/O 端口布置好。这样用户可以在此图中绘制电路，就不用手工设置 I/O 端口了。

6.3　由原理图产生方块电路符号

假如建立层次电路图是由下而上进行的，在下层原理图设计好后，利用 Protel 99 SE 提供的由原理图文件产生方块电路符号的功能，可为上一层原理图迅速产生具有相对应的 I/O 端口的方块电路符号。

① 新建一个原理图文件，命名为"Z80 Processor.prj"。

② 执行菜单命令"Design→Create Symbol Form Sheet"，系统弹出"Choose Document to Place"对话框，如图 6-6 所示。

③ 对话框中列出了当前数据文件中所有的图形文件，用鼠标选中其中一个即可。这里选择"CPU Clock.sch"，然后单击"OK"按钮，系统弹出"Confirm"对话框，单击"Yes"按钮，即可产生方块电路符号，如图 6-7 所示。

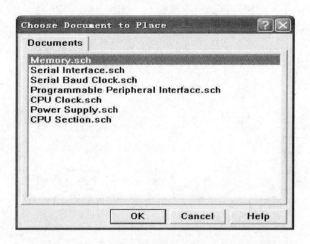

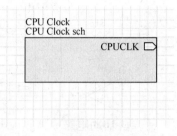

图 6-6 "Choose Document to Place" 对话框   图 6-7 由原理图产生的方块电路符号

6.4 不同层电路文件之间的切换

Protel 99 SE 提供不同层电路文件之间切换的功能。

1. 由*. prj 文件切换到*. sch 文件

执行菜单命令"Tools→Up/Down Hierarchy",将光标移到要选择的模块上,单击鼠标左键,即切换到目的原理图文件上。

2. 由*. sch 文件切换到*. prj 文件

执行菜单命令"Tools→Up/Down Hierarchy",将光标移到当前原理图文件的某一端口上,单击鼠标左键,即切换到了目的文件上。

习 题 六

6-1 运用自顶向下的方法自建立层次原理图:

(1)建立顶层方块电路原理图(至少有两块以上方块电路)。放置各方块之间的电气连接端口并标注、绘制导线、总线等并命名保存。

(2)运用菜单命令"Design | Create Sheet From Symbol",建立各自对应的具体电路原理图。

6-2 运用自底向上的方法自建立层次原理图:

(1)建立具体的各电路原理图。

(2)运用菜单命令"Design→Create Symbol From Sheet",建立层次方块原理图。

第7章　原理图设计技巧

用户在设计电路时，往往会遇到一些元件库中没有的元件，这时用户必须自己创建新的电气图形符号库。

在原理图文件设计完成后，应向 PCB 编辑器传送设计信息以进行 PCB 设计。通用的传送方式是使用网络表。

随着电子工业的进步，特别是大规模集成电路的迅速发展，电路品种日新月异，规模越来越大，计算机辅助电路分析已成为现代化电路设计师的助手和工具。

本章将对原理图设计的一些高级技术做简要介绍。

7.1　设计数据库文件的权限管理

7.1.1　访问密码的设置

（1）执行菜单命令"File→New Design…Database"，新建一个设计数据库文件，设置文件所要放置的目录和名字。

（2）单击"Password"标签，选中"Yes"选项，然后在"Password"对话框中输入密码，在"Confirm Password"对话框中再次输入该密码进行确认，如图 7-1 所示。

（3）单击"OK"按钮，完成一个含有访问密码的设计数据库文件的创建。新建工作完成后，在浏览器窗口中可以看到，新建的设计数据库文件包含一个设计组文件夹"Design Team"，回收站"Recycle Bin"和一个文档文件夹"Documents"，如图 7-2 所示。

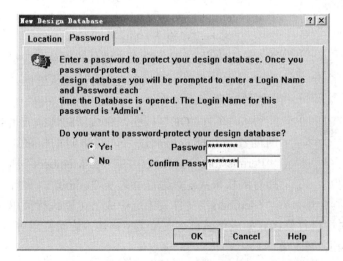

图 7-1　密码设置对话框　　　　　　　　　　图 7-2　建好的数据库文件

① 设计组文件夹"Design Team"中有三个文件夹，其含义如下。

Members：文件夹中是能够访问该设计数据库的成员列表。

Permissions：文件夹中包含各个成员的权限列表。

Sessions：文件夹中是处于打开状态的文档或文件夹窗口的名称列表。

② 回收站"Recycle Bin"与 Windows 9x 操作系统中的回收站作用一样，用于存放临时删除的文档。

③ 文档文件夹"Documents"一般用于存放电路原理图、印制电路板版图的设计文档，以及其他的相关报告文件。

当设计者打开一个具有访问密码的设计数据库文件时，会出现一个对话框，要求设计者输入用户名及密码，系统根据输入的用户名和密码判断设计者的使用权限。设计数据库文件的系统管理员名称为"admin"，密码为设计者创建该数据库文件时输入的密码，它是不宜更改的，如图 7-3 所示。

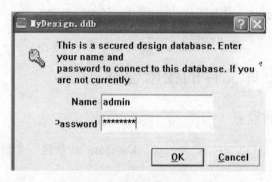

图 7-3　密码访问设置对话框

7.1.2　访问成员的增加、删除和密码的修改

设计者所建立的设计数据库文件，可能会提供给多人查阅或修改。这样，需要给设计数据库增加访问成员，且为不同性质的访问成员设定相应的权限。具体操作步骤如下。

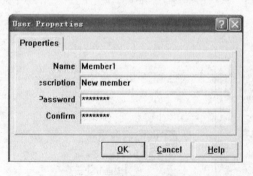

图 7-4　"用户属性"对话框

① 打开设计数据库文件中的"Design Team/Members"文件夹，列出访问成员的名单。

② 执行菜单命令"File→New Member…"，在用户属性对话框中输入新成员的名称，成员类型描述（可以不填写）、密码及确认密码，如图 7-4 所示。

③ 单击"OK"按钮，完成新的访问成员的创建。新成员增加以后，其访问的权限由"Permissions"文件夹中的"All Members"所拥有的权限决定，系统管理员"admin"（设计数据库创建者）可以对其进行修改。同样地，在"Members"文件夹中选中成员可以执行菜单命令"File→Properties"对该成员的属性进行修改，如成员名称、成员类型描述，访问密码等。也可执行菜单命令"File→Delete"，删除该成员。

7.1.3　访问成员权限的修改

① 打开"Permissions"文件夹，这里"All Member"成员组表示所有的访问成员，其所设置的访问权限对所有成员都是有效的。若对某个成员的权限进行了单独的设定，那么该成员

的访问权限就以单独设置的权限为准，如图 7-5 所示。

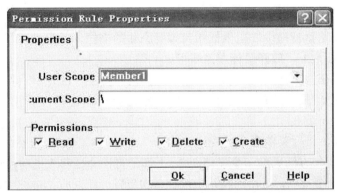

图 7-5 成员列表

② 执行菜单命令"File→New Rule..."，弹出"Permission Rule Properties"对话框，如图 7-6 所示。

图 7-6 "Permission Rule Properties"对话框

③ 单击"User Scope"选项右边的下拉按钮，从中选择需要增加的新成员名称，并在 Document Scope 选项中输入该成员所能访问的文档范围，如成员"Member1"可设置访问的文档范围。

在"Permissions"区域，成员对文档的访问权限有 4 种，分别为：Read（读）、Write（写）、Delete（删除）和 Create（创建）。

④ 对新成员的访问权限进行设定，最后单击"OK"按钮完成设定。如果需要更改已有成员的访问范围及权限，先选中该成员，再执行菜单命令"File→Properties"，在弹出的成员访问权限属性对话框中进行修改。

7.2 各类文档文件的管理

与 Windows 的文件管理相类似，Protel 99 SE 对文档的管理操作包括文档的删除，恢复和修改，以及文档的导出、导入等。

7.2.1 删除和恢复文档

若要删除一个文档，必须先关闭该文档。关闭一个处于打开状态下的文档，可以执行菜单命令"File→Close"，或在浏览器窗口中选择需要关闭的文件，单击鼠标右键，执行"Close"命令。这两种方法都可关闭当前处于打开状态下的文档，如图 7-7 所示。

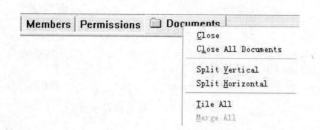

图 7-7 浏览器窗口

打开想要删除文件所在的文件夹，有以下 4 种方法可以删除该文档。

① 在左边的浏览器窗口中，用鼠标指向想要删除的文档，并且按住左键不放，将其拖到 Recycle Bin（回收站）上，放开鼠标左键即可。

② 打开文档所在的文件夹，在工作区选中该文档，按下"Delete"键。

③ 在浏览器窗口或工作区中选中该文档，单击鼠标右键，在弹出的快捷菜单中执行"Delete"命令。

④ 选中该文档，执行菜单命令"Edit→Delete"。

无论用上面的哪种方法删除一个文档，实际上都是将该文档移入当前设计数据库的回收站中。若要彻底删除一个文档，可在回收站中进行再次删除。在回收站中选中该文档，单击鼠标右键，在弹出的快捷菜单中执行"Delete"命令即可。若要恢复该文档，在回收站中选中该文档，单击鼠标右键，在弹出的快捷菜单中执行"Restore"命令即可。

7.2.2 文档的更名、剪切、粘贴和复制

对文档的更名、剪切、粘贴操作与文档的删除操作近似，不再详述。这里讲一下将设计数据库"MyDesign1.ddb"中的文件复制到设计数据库"MyDesign2.ddb"内"Documents"文件夹中的方法。

文档的复制步骤如下：

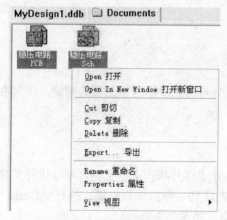

图 7-8 浏览器窗口

① 打开设计数据库文件"MyDesign1.ddb"。

② 列出设计数据库"MyDesign1.ddb"中的文件。

③ 与 Windows 的浏览器选中文件的方法一样，将"Ctrl"键或"Shift"键与鼠标配合使用，将文件"稳压电路.Sch"和"稳压电路.PCB"选中，再单击鼠标右键。如图 7-8 所示。

④ 单击快捷菜单中的"Copy"。

⑤ 打开设计数据库"MyDesign2.ddb"及其内的"Documents"文件夹。

⑥ 执行菜单命令"Edit→Paste"，完成文件的复制。

7.2.3 文档的导入/导出

文档的导入/导出步骤如下：

① 新建或打开一个设计数据库文件。

② 执行菜单命令"File→Import …"，在弹出的"Import File"对话框中输入需要导入的设计文档名，用鼠标左键单击"打开"按钮后，这个文档就被导入当前打开的设计数据库文件中。

另外，对于大型、复杂电路的设计，其设计数据库文件的容量往往很大，而设计者有时需要的只是其中的部分文档，这就需要将单个文件从设计数据库文件中导出。导出文档的方法是：先关闭该文件，再打开该文件所在的文件夹，选中所要导出的文件，执行菜单命令"File→Export…"，在弹出的"Export File"对话框中选择所要保存到的文件目录，并为导出文件起一个名字，单击"保存"按钮，即完成文件的导出。

7.3 工具栏、快捷键的自定义

单击 Protel 99 SE 窗口左上方 ![button] 按钮，可以弹出 Protel 99 SE 的基本选项设置菜单。

7.3.1 用户自定义工具栏

图 7-9 所示为 Protel 99 SE 的基本选项设置菜单，在各种编辑器的工具栏中，常常缺少一些我们常用的工具，而通过打开菜单再执行菜单命令又过于繁琐，这时可对工具栏加以编辑修改，甚至创建自己专用的工具栏。若要编辑一个工具栏，首先在相应的编辑环境中打开这个工具栏的属性对话框。

1. 自定义工具栏

① 单击"Design Explorer"窗口左上角的 ![button] 按钮。

② 执行菜单命令"Customize…"，弹出定制资源对话框。如图 7-10 所示。

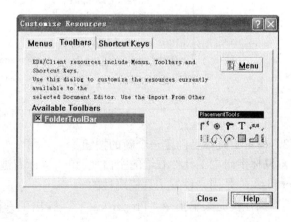

图 7-9 基本选项设置菜单　　　　　　　　图 7-10 定制资源对话框

③ 单击"Toolbars"标签，再单击 ![Menu] 按钮。

④ 在弹出的快捷菜单中执行"Edit…"命令（若要新建一个工具栏的话，执行"New…"菜单命令），如图 7-11 所示。

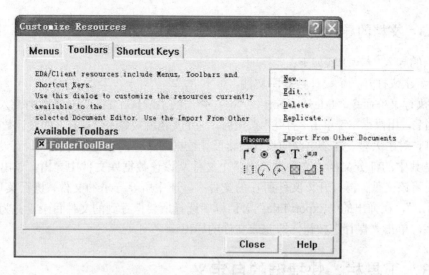

图 7-11　定制资源对话框的快捷菜单

⑤ 这时，弹出工具栏属性对话框，在其中进行修改和创建自己专用的工具栏，如图 7-12 所示。

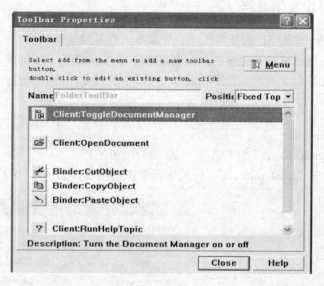

图 7-12　工具栏属性对话框

2. 在主工具栏上创建一个新的按钮

将鼠标指向主工具栏右边的空白处，单击鼠标右键，弹出快捷菜单，其中菜单指令"Toolbar Properties…"是用来设置工具栏属性的。

① 执行快捷菜单指令"Properties…"，弹出工具栏属性设置对话框。对话框中的各选项含义如下。

Process：选项指的是该按钮的执行进程，表明按钮按下后是哪一种操作。

Parameters：选项是指进程 Process 的执行参数。

Bitmap File：选项是指按钮对应的图标，设计者可以为按钮添加新的位图文件，也可以对此文件进行修改。

② 也可以对 PCB 编辑器中的放置工具栏进行按钮的添加、删除，或者创建新的工具栏。这些操作在其他编辑器中也是适用的。

3. 用户自定义快捷键

Protel 99 SE 支持设计者编辑、创建自己的快捷键，具体操作步骤如下。

① 若要编辑一个工具栏，首先在相应的编辑环境（如 PCB 编辑器）中打开这个工具栏的属性对话框。单击"design Explorer"窗口左上角的 按钮，执行菜单命令"Customize…"，弹出定制资源对话框，单击"Shortcut Keys"标签，再单击 Menu 按钮。在弹出的快捷菜单中执行"Edit…"命令（若要新建一组快捷键的话，执行"New…"菜单命令），弹出快捷键列表对话框，在其中即可进行修改和创建，如图 7-13 所示。

图 7-13　快捷键列表对话框

② 这里，以添加一个公制/英制尺寸单位转换的快捷键为例，说明快捷键的编辑与新建步骤。单击 Menu 按钮，执行菜单命令."Add"新建一个快捷键，这时对话框中显示此快捷键的进程名称为"None"，单击 Menu 按钮，执行菜单命令"Properties…"，如图 7-14 所示。

③ 对公制/英制单位切换按钮的属性设置，输入此快捷键的执行进程与执行参数，并且为其选定第一快捷键为"Ctrl+F10"。如果不选中"Use Secondary Key"项，所有对话框都将关闭并且回到 PCB 编辑器中，那么一个用于公制/英制单位切换的快捷键就制作完毕了，其操作快捷键为"Ctrl+F10"。如果选中"Use Secondary Key"项，并且定义第二组快捷键为"Shift+F10"，再将所有对话框关闭且回到 PCB 编辑器中，那么这时公制/英制单位切换的快捷键操作过程为：先按下"Ctrl+F10"，两键都释放后，再按下"Shift+F10"，再次释放两键后实现尺寸单位的切换。这样，完成一个新的快捷键的创建。

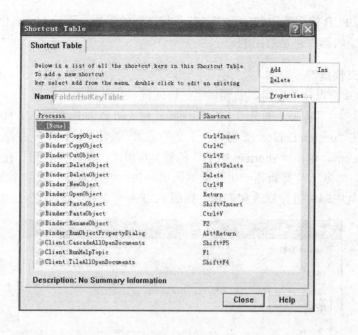

图 7-14　快捷键列表对话框的菜单命令

7.3.2　自动存盘功能设定

由于一个设计工作的过程往往很长，在设计过程中的一些突发事件，如停电、运行程序出错等，往往造成正在进行的设计工作被终止而又无法存盘，使得完成的工作内容全部丢失。为了避免这种情况的发生，一种方法就是设计者不断存盘，另一种更为简便的方法就是设定自动存盘操作。

Protel 99 SE 支持设计数据库的自动存盘操作，设计者可对自动存盘的参数自定义。

① 单击当前窗口左上角的 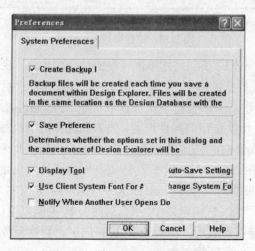 按钮，执行菜单命令 "Preferences…"。

② 这时，弹出系统参数设置对话框，如图 7-15 所示。其中的各项设定参数说明如下。

图 7-15　系统参数设置对话框

Create Backup：表示创建备份文件。

Save Preference：用于确定下次 Protel 99 SE 启动的时候是否沿袭本次的参数设定。

Display Tool Tips：表示当鼠标移到工具栏上的一个按钮处时，出现该按钮功能描述的浮动显示。

Use Client System Font For All Dialogs：决定对话框中的文本是否采用 Protel 99 SE 的内定字体，如果取消选中，那么所有对话框中的文本将采用。

Notify When Another User Opens Document：表示当有其他人使用同一文档时，将会发出提示。

单击 hange System Fo 按钮，可以自定义字体参数。

单击 uto-Save Setting 按钮，可对自动存盘的参数进行设定。

③ 设定个人所需的自动存盘参数。单击 uto-Save Setting 按钮，弹出如图 7-16 所示的自动存盘参数设置对话框。

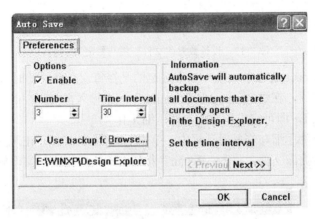

图 7-16　自动存盘参数设置对话框

④ 选中"Enable"选项，设定自动存盘功能有效。

⑤ 在"Number"对话框中设定每个文件的备份数量，在"Time Interval"对话框中设定每隔多长时间（单位为分钟）进行一次自动备份操作。这里，设定备份文件的数目为三个，每次相隔的自动备份时间为 30 秒。Protel 99 SE 默认的自动备份时间间隔为 30 分钟，备份文件的个数为三个。

⑥ 选中"Use backup folder"选项，再单击"Browse"按钮，选择自动备份文件存放的目录。如果"Use backup folder"选项没有选定，那么自动存盘文件将放于设计数据库文件所在的目录之下。

⑦ 自动存盘参数设定完毕后，单击"OK"按钮完成设定。

7.4　Protel 99 SE 的设计辅助工具

在进行电路绘制设计的时候，常常对设计数据库的文件进行创建或删除等操作，从而在硬盘上形成大量的文件碎片，降低硬盘空间的使用效率，且由于不可预见的原因，造成设计数据库工作不正常而损坏，则会使设计者的工作付之东流。

为了解决这两个问题，Protel 99 SE 提供了两个设计辅助工具：数据库文件压缩工具和数据库文件修复工具。

单击 Protel 99 SE 窗口左上角的 ![] 按钮，执行菜单命令"Design Utilities…"，弹出设计数据库文件压缩与修复对话框，如图 7-17 所示。

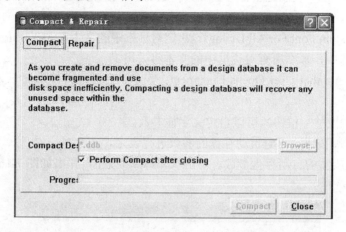

图 7-17　设计数据库文件压缩与修复对话框

在压缩工具 Compact 选项中，图 7-17 中选定的是在每次文件关闭时自动完成压缩。当然，设计者也可以取消这项，在"Compact Destination"项中输入需要压缩的设计数据库文件，再单击"Compact"按钮，即可完成指定的文件压缩工作。

在设计数据库文件压缩与修复对话框中，单击"Repair"标签，出现文件修复对话框；输入想要修复的设计数据库文件，单击"Repair"按钮，即完成指定的文件修复工作，如图 7-18 所示。

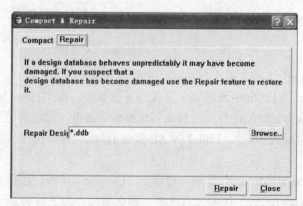

图 7-18　完成修复对话框

7.5　库元件的快速查询与对应元件库的添加

对于某些不常用的元器件，用户往往并不清楚它们在哪个元件库中，这里最有效的办法就是进行元器件的查询。

① 在原理图浏览器窗口的"Browse"栏的下拉列表中选择"Libraries"选项，这时靠上的窗口则列出当前原理图中已经加入的元件库，靠下的窗口则列出选中的元件库中的指定元件（指定的方法是在"Filter"文本框中输入元器件的名称或带有通配符的名称，如"*"、"R*"等）。

② 单击"Edit"按钮，进入原理图库元件编辑器，对窗口中选中的元件进行编辑。

③ 进行元器件的查找并且单击"Find"按钮，弹出查找原理图库元件对话框，如图 7-19 所示。

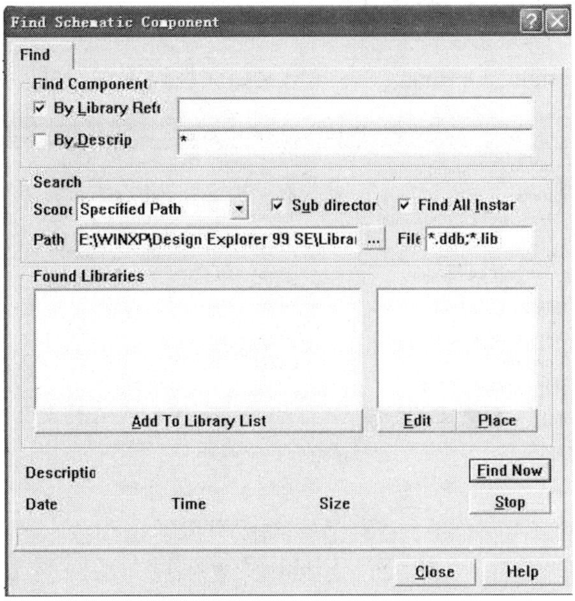

图 7-19 查找原理图库元件对话框

对话框中主要项目栏的输入说明如下。

By Library Reference：打勾选中后，输入所要查找的元件名称。请注意，由于不同厂家会对同种元件加上不同的前缀或后缀，以表示生产厂家和器件的应用场合，所以，建议在输入的元器件名称前后加上"*"通配符。

By Description：打勾选中后，输入元件的描述。由于大多数库元件没有给出元件描述，所以不建议用此项进行库元件的查找。

Scope 对话框的下拉列表中共有如下三种选择。

Specified Path：指在用户指定的目录中进行查找；

Listed Libraries：在当前原理图编辑器已经加入的元件库中进行查找；

All Driver：在所有的驱动器中（软驱除外）进行查找。

Sub Directories：选中此项表示对子目录也进行查找。

Find All Instances：选中此项表示查找所有与要求相匹配的元件，否则只查找与要求相匹配的第一个元件。

Path 项：输入用户指定的路径。请注意：使用按钮可以方便地进行指定路径的输入。

File 项：输入所要进行查找的文件。选用此项可以加快查询速度，比如要查找的元件属于摩托罗拉公司的产品，那么可以输入"Ti*.ddb"，表示只对以"Ti"打头的库文件进行查找，也可只对摩托罗拉公司的元件库进行查找。

④ 当我们将查询要求设置完成后，单击"Find Now"按钮，开始搜索。查询完毕后，会在"Found Libraries"项中列出内含指定元件的元件库；选中想要添加的元件库，再单击"?"按钮，即可完成所需元件库的添加。在原理图浏览器窗口中，显示已经加入元件库的列表，并且选中一个元件库；在 Filter 文本框中输入带通配符或不含通配符的元件名称，可以快速地找

到此元件库中所需要的元件；如果没有符合输入名称的，则列表为空。

7.6 设置图纸的样本文件

执行菜单命令"Design→Options…"，弹出文档属性设置对话框，如图 7-20 所示。

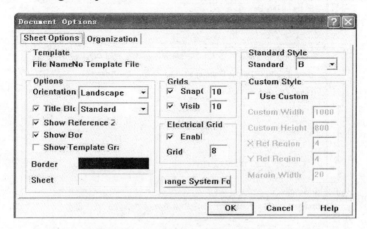

图 7-20 文档属性设置对话框

1. Sheet Options（图纸属性）

在这里可以对图幅尺寸、方向等参数进行设置。

（1）Standard Style（标准图纸尺寸）：在大多数情况下，设计者应用的都是常用的标准图纸，此时用户可以直接应用标准图纸尺寸设置版面。将光标移至"Standard Style（标准图纸尺寸）"，单击 ▾ 按钮将该选项激活，如图 7-21 所示出现各种标准图纸的选项。

用户可以根据所设计的电路原理图的大小，选择适用的标准图纸号。为方便用户，Protel 99 SE 提供多种标准图纸尺寸选项。具体如下。

① 公制：A0（最大）、A1、A2、A3、A4（最小）。

② 英制：A（最小）、B、C、D、E（最大）。

③ orcad 图纸：orcadA、orcadB、orcadC、orcadD、orcadE。

④ 其他：Letter、Legal、Tabloid。

（2）Custom Style（自定义图纸尺寸）：如果用户需要根据自己的特殊要求设定非标准的图纸格式，Protel 99 SE 还提供了"CustomStyle（自定义图纸尺寸）"选项以供选择。

用户只需用鼠标左键单击 Use Custom 前的复选框，使它前面的方框里出现"√"符号，即表示选中"Custom Style"，如图 7-22 所示。

在"Custom Style"选项栏中有 5 个对话框，其名称和意义如下所示。

Custom Width：自定义图纸宽度，最大为 6500 个单位。

Custom Height：自定义图纸高度，最大为 6500 个单位。

X Ref Region：水平参考边框等分数。

Y Ref Region：垂直参考边框等分数。

Margin Width：边框的宽度。

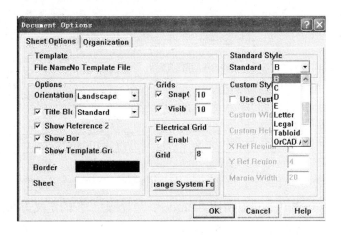

图 7-21　图纸设置对话框

（3）Options：在这个选项栏里，用户可以进行图纸方向，标题栏，边框等的设定，如图 7-23 所示。

在 Orientation（图纸方向）下拉列表中选择"Landscape"，则图纸水平放置；选择"Portrait"，则图纸垂直放置，如图 7-24 所示。

在 Title Block（标题栏类型）下拉列表中有两个选择，如图 7-25 所示。

图 7-22　Custom Style 选框　　图 7-23　Options 选项栏　　图 7-24　图纸方向选项

图 7-25　标题栏类型

选择"Standard"选项，代表标准型标题栏，如图 7-26 所示。

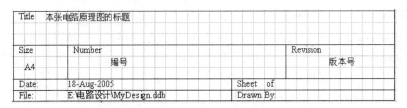

图 7-26　标准型标题栏

选择"ANSI"代表美国国家标准协会模式标题栏，如图 7-27 所示。

在"Show Reference Zone（参考边框显示）"中选此项，可在图纸上显示参考边框。

在"Show Border（图纸边框显示）"中选此项，显示图纸边框。

在"Show Template Graphics （模板图形显示）"中选此项，显示模板图形。

在"Border（边框颜色）"用鼠标左键单击"Border"右边的颜色方框，则出现如图 7-28 所示的"Choose Color"窗口。Protel 99 SE 提供 219 种基本颜色供用户选择。

	某设计公司			
	公司地址			
	本张电路原理图的标题			
	Size A4	FCSM No.	DWG No. 编号	Rev 版本号
	Scale		Sheet 1 of 3	

图 7-27　ANSI 标题栏

在"Sheet"（工作区颜色）可以仿照"Border（边框颜色）"的定义方法，用鼠标左键单击"Sheet"右边的颜色方框，设置工作区的颜色。

（4）Grids（图纸栅格）："Grids（图纸栅格）"设定栏包括两个选项："Snap（锁定栅格）"的设定和"Visible（可视栅格）"的设定，如图 7-29 所示。

"Snap"（锁定栅格）设定主要决定光标位移的步长，即光标在移动过程中，以锁定栅格的设定为基本单位做跳移。如当设定"Snap=10"时，十字光标在移动时，均以 10 个长度单位为基础，此设置的目的是使用户在画图过程中更加方便地对准目标和引脚。

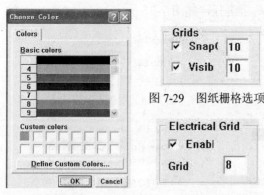

图 7-29　图纸栅格选项

图 7-28　边框颜色选项　　图 7-30　电气结点选项

Visible（可视栅格）的设定只决定图纸上实际显示的栅格的距离，不影响光标的移动和位置。

（5）Electrical Grid（电气结点）：如果用鼠标左键单击"Electrical Grid"设置栏"Enable"左面的复选框，如图 7-30 所示，使复选框中出现"√"表明选中此项。此时系统在连接导线时，将以箭头光标为圆心，以"Grid"栏的设置值为半径，自动向四周搜索电气结点。当找到最接近的结点时，会把十字光标自动移到此结点，并在该结点处显示一个圆点。

（6）Change System Font（改变系统字型）：用鼠标左键单击"Sheet Options"设置栏中的"Change System Font"按钮，界面上将出现"字体"窗口，如图 7-31 所示。用户可在此处设置元器件引脚号的字形、字体和字号大小等。

图 7-31　改变系统字型对话框

2．"Organization"对话框

在此对话框中可以设置电路原理图的文件信息，为设计的电路建立"档案"。

"Organization"选项卡的设置包括：

"Organization"用来设定公司或单位的名称；

"Address"用来设定公司或单位的地址；

"Sheet"用来设定原理图编号，包括No（本张原理图的编号）和Total（本设计文档中电路的数目）；

"Document"文件的其他信息，包括Title（本张电路原理图的标题）、No.（编号）和Revision（版本号）。

用户可将文件信息对话框与标题栏配合使用，构成完整的电路原理图的文件信息，如图 7-32 所示。

图 7-32　完整的电路原理图的文件信息

7.7　同种封装形式元件的连续放置

如果某一电路中同种封装形式的元件较多，那么在原理图绘制时最好连续进行放置。当要放置第一个元件时，按下"Tab"键为其指定封装形式和编号，在接下去的连续放置中，所放置的元件都会采用第一个元件的封装形式，并且元件的编号会自动地增加。

7.8　导线的移动技巧

在原理图绘制过程中，经常要对导线进行编辑操作。因此，熟练地掌握导线编辑的操作，将有助于提高绘图的效率。区别一次画成的导线与多次绘制连成的导线方法是：用鼠标左键单击想要区别的导线，在端点及拐点处出现灰色小方块标志，表明这几段导线是一次画成的。下面所介绍的操作都是针对一次绘制成的导线。

1．移动一条笔直的单根导线

① 用鼠标左键单击，将其选中。

② 按住左键不放，移动鼠标即可拖动选中的导线。

③ 当移动到合适位置之后，放开鼠标左键，完成移动。

2．移动一条带有折弯的导线

① 执行菜单命令"Edit→Move→Move"。

② 将出现的十字光标放到想要移动的导线上，单击鼠标左键。

③ 导线将随鼠标一起移动，在合适位置再次单击左键放下导线，从而完成导线的移动操作。

3．移动一条带有折弯导线中的一段直导线

① 用鼠标左键在某条导线上单击，选中整条导线。

② 指向所要移动的那一段直导线的中部，按住左键不放移动，或在导线中部单击一次之后再移动。

③ 将导线移到合适位置后，再次单击左键放下导线。请注意，在移动的过程中，与所要移动的这段直导线相连的导线（都在同一条一次画成的导线上）将发生长度上的变化，可能还有方向上的变化。

7.9　在拖动图件的同时拖动其引脚上的连线

① 先按住"Ctrl"键，再单击元件，然后放开"Ctrl"键，元件随鼠标一起移动。按"Space"键可调整走线的方向，以避开其他连线。

② 元件移动到合适位置，并且调整走线的方向后，单击鼠标左键完成元件的拖动。

习　题　七

7-1　练习文件管理操作对文档的删除，恢复和修改，以及原理图文档的导出、导入等。

7-2　根据需要创建一自己专用的工具栏和快捷键。

7-3　设定自动存盘每次相隔的自动备份时间为 10 分钟。备份文件的个数为 1 个，自定义存放的路径。

7-4　运用 Find 查找三端稳压集成块*7805。

7-5　设计一张+5V 稳压电源电路图，要求图纸尺寸为 A4，边框颜色为黑色，工作区颜色为白色，取消可视栅格。选用"Standard"标准型标题栏并用中文四号字填写各栏。

第8章　PCB设计典型操作技巧

本章主要介绍 PCB 中设计图时一些高级的技巧，内容涉及如下。选取与点取；导线的典型操作技巧，包括不同宽度导线的绘制技巧，使用"Break Track"修改导线，重画导线（Re-Route），拖曳导线端点，不同转角形式导线的绘制，导线的删除方式，不同工作层导线的修改，特殊拐角导线的绘制；更改元件的封装形式；特殊操作技巧，包括覆铜的技巧，外围线的处理方法，补泪滴；电路板上元件参数的隐藏；焊盘特殊形式内"孔"的标识。

8.1　选取与点取

在 PCB 编辑器中，选取和点取这两个操作都是针对图件进行选择的，但在操作方法和作用上是完全不同的。

8.1.1　选取

选取兼有记忆和标记的功能，可以同时选中多个图件。被选中的图件将以黄色（默认的颜色）显示，用户可对选中的图件进行复制、删除和移动等操作。执行菜单命令"Edit→Select→..."进行图件的选取，也可使用鼠标左键画框来选取一个或多个图件。

用户可在选取一些图件之后，再选取另外一些图件。后一次的选取不会取消前一次图件的选中状态（程序的默认设置），除非执行菜单命令"Edit→Deselect..."，取消全部或部分图件的选中状态；或者单击主工具栏上的 ⁑ 按钮，取消所有图件的选中状态。

如果执行菜单命令"Tools→Preferences"，在弹出的工作参数设置对话框中，单击"Options"标签，取消选中"Editing"栏下的"Extend Selection"设置项，如图8-1所示。

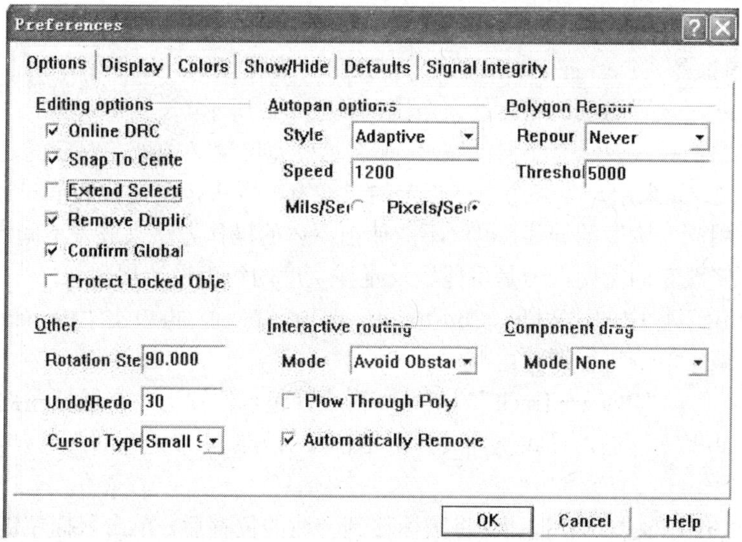

图 8-1　工作参数设置对话框

那么第二次选取后，前一次选中的图件会自动取消选中状态。一般地，要求选中"Extend Selection"设置项，以方便电路板的设计工作。

8.1.2　点取

点取是针对单个图件的指定。当点取一个图件时，上一次点取的图件将自动取消选中状态。当一个图件被点取后，即进入编辑状态，用户可以编辑图件的位置、大小、颜色等相关的属性。

单击鼠标左键点取某段导线、某个焊盘、过孔、矩形填充或者字符串等，被点取的单个图件在外边缘上会出现细线。对于导线，其中还会显示轴线；对于矩形填充，其中还会显示中心点和旋转调整点。如果被点取的图件具有电气网络名称，那么与它有电气连接关系的导线会以黄色（默认的颜色）显示、焊盘和过孔的周围会出现细线。对点取的某段导线、某个焊盘、过孔、矩形填充或是字符串等，可以进行删除、移动等操作，但对于元件的点取方法要特别注意，必须对元件的编号单击鼠标左键才可以实现点取，并且采用这种方法点取元件后，只能进行移动的操作。

双击鼠标左键点取某个图元件，将进入相应的属性设置对话框。在此对话框中可以编辑修改图例的属性。

单击某个图件，并且按住鼠标左键不放，可以对此图件进行移动操作。

如果在所点取的某个图件的位置上还有其他图件，例如点取某个过孔，该过孔用于连接顶层和底层上的两条导线，那么点选该过孔时，会弹出选择菜单栏，在栏中选择所要点取的过孔。

只有熟练地掌握了选取操作和点取操作，并熟知二者的区别，才能够在电路板的设计过程中，准确、快速地对图件进行编辑。

8.2　导线的典型操作技巧

8.2.1　不同宽度导线的绘制技巧

由于电路板上空间的限制或其他的特殊要求，一条导线上可能存在不同宽度的几段。其放置的方法如下。

① 执行菜单命令"Design→Rules…"，在弹出的设计规则对话框中，为部分指定导线或电路板的全部导线，设置布线的宽度约束范围，如图 8-2 所示。

如果某个网络的导线要求有不同的宽度，那么这些宽度值必须处在对应的走线宽度约束范围之内。也就是说，如果用户为某个网络指定的走线宽度约束范围的最大值与最小值相等，那么布线就只能采用同一宽度的导线，也就不能使用下述的操作方法来放置不同宽度的导线。双击某段导线也可修改它的宽度，但是可能违反走线宽度的约束设计规则。

选中"Routing"栏中的"Width Constraint"选项，然后，再单击"Properties…"按钮，对导线的最大，最小范围进行调整；

② 执行菜单命令"Place→Track"，在导线的放置起点位置上单击鼠标左键。

③ 按下"Tab"键，进入导线属性设置对话框，对导线宽度进行设置（如"60mil"），如图 8-3 所示。

④ 单击对话框中的"OK"按钮，将鼠标移到合适的位置后，单击鼠标左键放下第一段导线，同时开始放置第二段导线。

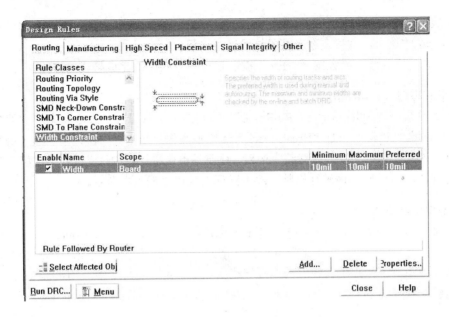

图 8-2　设计规则对话框

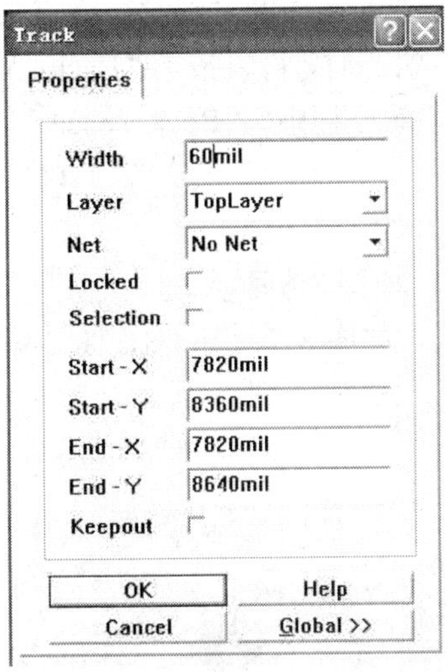

图 8-3　导线属性设置对话框

⑤ 再次按下"Tab"键，同样地，在导线属性设置对话框中，设置导线的宽度，如"20mil"。

⑥ 单击对话框中的"OK"按钮，将鼠标移到适当的位置后，放下第二段导线。

⑦ 如果还要继续放置不同宽度的导线，只要重复第⑤、⑥步操作即可。

⑧ 如果不再放置导线。双击鼠标右键，或者连着两次按下"Esc"键，退出放置导线的命令状态，这样就绘制完成了一条不同宽度的导线，如图8-4所示。

图 8-4　一条不同宽度的导线

8.2.2　使用"Break Track"修改导线

1．修改走线方式

若要修改某条导线的走线方式，点取所要修改的导线来进行修改，或者重新放置一条导线。这里介绍另一种方法，它不需要先点取导线，就可以直接修改导线了。

① 执行菜单命令"Edit→Move→Break Track"，出现十字形鼠标指针。

② 将鼠标指针移到所要修改的导线上，然后单击鼠标左键，如图8-5所示。

③ 选中的导线可以随着鼠标移动，移到合适位置后，单击鼠标

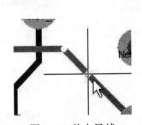

图 8-5　单击导线

· 103 ·

左键，完成该段导线的调整。如果在选中后，发现本段导线不需要调整，那么单击鼠标右键就可以取消刚才的选中，并可重新对某段导线进行选择。

④ 单击鼠标右键，或者按下"Esc"键，退出命令状态，完成导线的修改。

2．重画导线（Re-Route）

执行菜单命令"Edit→Move→Re-Route"，即可进入导线重画的命令状态。它的基本操作与"Break Track"类似，但是"Break Track"的修整操作只能进行一次，不能连续进行导线的修整。而本命令执行对某段导线修整完毕后，只要不单击鼠标右键，或者双击鼠标左键对本次修整进行确认，可以连续地进行修整。双击鼠标右键可以退出本命令。

3．拖曳导线端点

菜单命令"Edit→Move→Drag Track End"也用于修整导线。与"Re-Route"和"Break Track"不同的是，执行本命令后，将十字形鼠标指针指向所要修整的导线，单击鼠标左键后，鼠标指针将自动移到距离单击点位置较近的本段导线端点上，接下来的操作与"Break Track"命令相同，这里就不做详述了。

4．同转角形式导线的绘制

手工布线的时候，可以使用空格键调整导线的转角形式。若在布线的时候觉得格点太大，可以按下 G 键来设置电气栅格大小；再有，在放置导线的命令状态时，可以按下"Back space"键，取消刚刚放置的一段导线。注意，必须是在一次连续放置的过程中，"Back space"键的功能才有效。

① 执行菜单命令"Place→Track"，在一个元件的焊盘上开始手工布线。

② 在焊盘上单击鼠标左键，并往右下方的一个焊盘拉线，如图 8-6 所示。

③ 连续按下"Shift+空格"键，可以得到不同的转角形式，如图 8-7、图 8-8、图 8-9、图 8-10 所示。

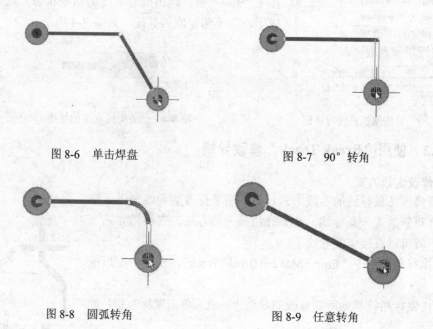

图 8-6　单击焊盘　　　　　　　　　图 8-7　90°转角

图 8-8　圆弧转角　　　　　　　　　图 8-9　任意转角

④ 在此状态下，按下"Space"键（空格键）可以设置转角的位置。不同转角形式对应的转角位置情况如图 8-11、图 8-12 所示。

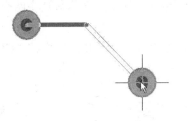

图 8-10　45°转角

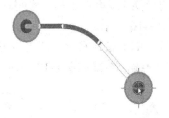

图 8-11　上切换圆弧转角的位置

采用圆弧转角完成的布线如图 8-13 所示。

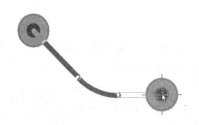

图 8-12　下切换圆弧转角的位置

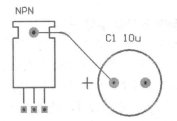

图 8-13　圆弧转角

8.2.3　导线的删除方式

本小节中介绍删除不同方式导线的方法，如删除一段导线、删除整条导线、删除一个网路中的所有导线，等等。

下面以图 8-14 所示电路为例，讲述几种不同导线的删除方式。

1．删除某段导线

用鼠标左键点取所要删除的某段导线，然后按"Del"键，删除该段导线，删除后会出现一条相应的拉（飞）线，如图 8-15 所示。

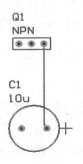

图 8-14　示例电路图

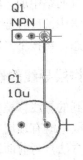

图 8-15　删除导线

还可以用鼠标左键单击所要删除的导线，选择完毕后，按下"Ctrl+Del"键，即可删除这些选中的导线。

2. 删除两个焊盘间的铜箔走线

先执行菜单命令"Edit→Select→Physical Connection"，将出现的十字形鼠标指针移到两个焊盘之间的导线上，单击鼠标左键将这条导线选中，请注意这个命令将只选中两个焊盘之间的导线，如图 8-16 所示。

选中后，单击鼠标右键，或者按下"Esc"键，退出选择命令状态，再按"Ctrl+Del"键，删除选中的导线，结果如图 8-17 所示。

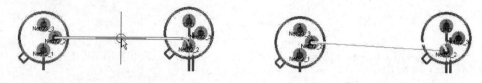

图 8-16　选中铜箔走线　　　　　　　　　图 8-17　删除铜箔走线后

3. 删除相连的铜箔导线

若要删除一个电气网络中相连接的导线，可以一段一段地进行选取，然后再删除。更为简便的方法是：执行菜单命令"Edit | Select | Connection Copper"，再将出现的十字形鼠标指针移到所要删除的导线上，单击鼠标左键将这条导线选中，如图 8-18 所示。

选中后，单击鼠标右键，或者按下"Esc"键，退出选择命令状态，再按下"Ctrl+Del"键，删除选中的导线，结果如图 8-19 所示。

图 8-18　选中相连的铜箔导线　　　　　　图 8-19　删除相连的铜箔导线后

4. 删除同一网络中所有的导线

在同一电气网络中的导线，可能存在未连接的部分，使用上述"删除相连的铜箔导线"中所讲述的方法是不可行的。这里，可以执行菜单命令"Edit→Select→Net"，将出现的十字形鼠标指针移到某个电气网络中的一段导线上，单击鼠标左键。这时无论这个电气网络中是否存在未连接的导线，网络中的所有导线都会被选中。选中后，单击鼠标右键，或者按下"Esc"键，退出选择命令状态，再按下"Ctrl+Del"键，删除选中的导线。

8.2.4　不同工作层导线的修改

前面各小节中讲到的导线修整技巧，都是在同一工作层中进行的，如果在一条导线中含有过孔，也就是这条导线中既有顶层导线，也有底层导线，那么如何来修改这条导线呢？

单段导线的修整方法，与前面讲述的方法相同，这里只针对过孔的调整来说明。

① 用鼠标左键点取所要调整的过孔。

② 用鼠标左键单击该过孔的正中央（即过孔的控点），之后就可移动鼠标来调整过孔的位置。与此同时，与过孔相连的顶层导线和底层导线也会跟着移动，如图 8-20 所示。

③ 移动到合适位置后，单击鼠标左键进行放置，结果如图 8-21 所示。

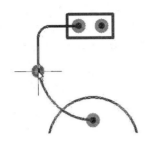

图 8-20　单击过孔

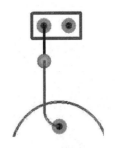

图 8-21　移动过孔后

8.2.5　特殊拐角导线的绘制

一般地，在使用菜单命令"Place→Track"布 90°转角的导线时，其转角的形式都是外圆弧、内直角，如图 8-22（a）所示。采用布线命令布成外 45°、内直角的转角导线几乎是不可能的。这里，使用填充区域（Fill）来制作。

下面介绍绘制外 45°、内直角的转角导线如图 8-22（b）所示。

① 执行菜单命令"Place→Fill"，根据所需的线宽，放置三个填充区域，如图 8-23 所示。

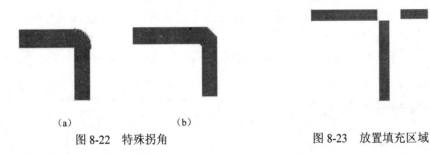

（a）　　　　　　　　（b）

图 8-22　特殊拐角

图 8-23　放置填充区域

② 点取最小的填充块，再单击块中的旋转控点，如图 8-24 所示。

移动鼠标，实现小填充块的旋转；或者双击该填充块，在弹出的属性设置对话框的 Rotation 项中，输入所要旋转的角度 135°，然后移到两个大填充块中间，如图 8-25 所示。

③ 用鼠标左键单击小填充块左下方中部的控点，如图 8-26 所示。

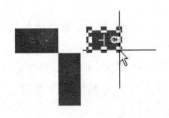

图 8-24　点取填充块

图 8-25　旋转填充块

图 8-26　单击中部控点

④ 移动鼠标至 90°内转角上，如图 8-27 所示。

⑤ 单击鼠标左键，完成小填充块位置的第 1 次调整。

⑥ 同样地，调整小填充块最上方的控点位置，如图 8-28 所示。

⑦ 全部调整完毕后，单击鼠标右键，退出点取编辑状态，如图 8-29 所示。

图 8-27　旋转控点　　　　图 8-28　调整最上方的控点位置　　　　图 8-29　调整后

8.3　更改元件的封装形式

在电路板的设计过程中，如果发现原先指定的某个元件的封装形式不合要求，可以双击该元件，在弹出的属性对话框"Foot print"项中输入所需的封装形式，再对各个引脚的网络名称做相应的修改。如果所需的封装形式在 PCB 元件库中没有，那么就只有创建一个新的元件封装形式。如果时间紧迫，上述方法不可取时，可在电路板上直接更改元件的封装形式。

如图 8-30 所示，要求对元件 Q1 的封装形式进行更改，更改为如图 8-31 所示的封装形式。

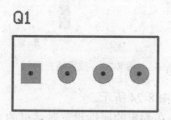 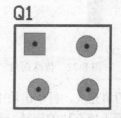

图 8-30　元件封装形式 Q1　　　　图 8-31　要更改成的封装形式

① 用鼠标在元件 Q1 上双击，进入如图 8-32 所示的元件属性设置对话框，在"Properties"标签下，取消"Lock Prims"选项的选中状态。

② 单击"OK"按钮，这时元件 Q1 的封装 POWER4 已经分解开了，可对其中的图件分别进行编辑修改。

③ 先来调整元件 Q1 的焊盘，将鼠标移到它上面，然后单击鼠标左键，如图 8-33 所示。

④ 移到合适位置后。单击鼠标左键放下该焊盘，使用同样的方法对其他三个焊盘进行调整，保证 4 个焊盘相互之间位置的准确性，调整后结果如图 8-34 所示。

⑤ 调整元件封装的边框线。先将鼠标指向右边的边框线，然后单击鼠标右键（不要单击控点），向右移动鼠标，这时相连的边框线会随之移动，移到合适位置后，单击鼠标右键，放下该段边框线，如图 8-35 所示完成元件封装的修改。

⑥ 调整好元件封装的外观后，在边框内双击鼠标左键（不要双击边框内的焊盘），弹出元件属性设置对话框，在"Properties"标签下，选中"Lock Prims"选项，完成元件封装的更改，如图 8-36 所示。

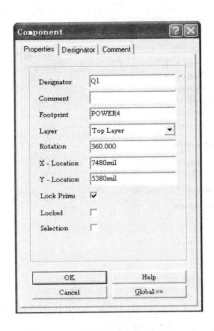

图 8-32 元件属性设置对话框

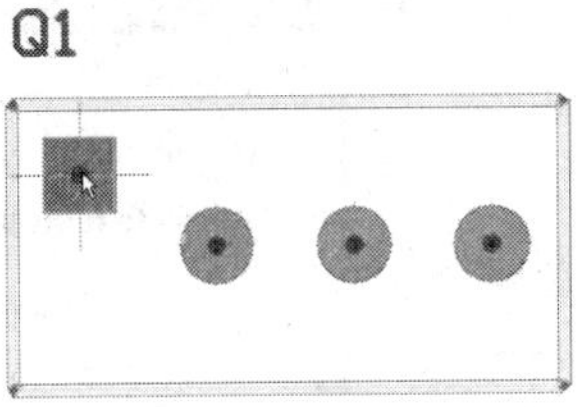

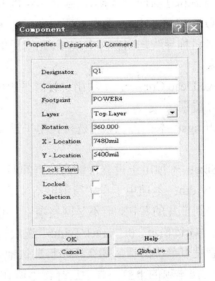

图 8-33 调整焊盘

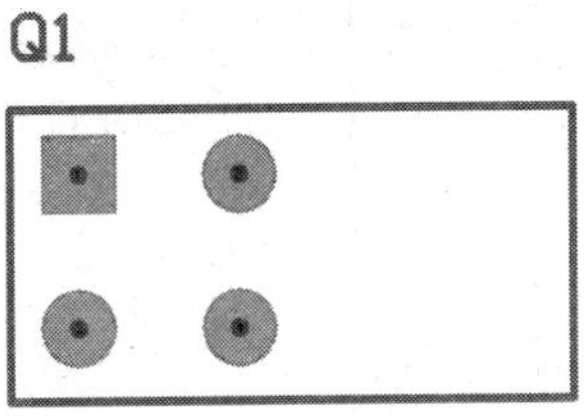

图 8-34 调整后的焊盘

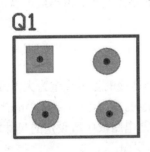

图 8-35 调整好后的封装

图 8-36 元件属性设置对话框

8.4 特殊操作技巧

本节将介绍有关覆铜、包地和补泪滴等的操作方法。

8.4.1 覆铜的技巧

覆铜是一种常见的操作，它是把电路板上没有布线的地方铺满铜膜。

① 执行菜单命令"Place→Polygon Plane"，弹出如图 8-37 所示的对话框。该对话框有 5 个设置栏，分别说明如下。

Net Options：本栏有三个选项，用于设置覆铜的电气网络名称，以及它与相应网络的关系。

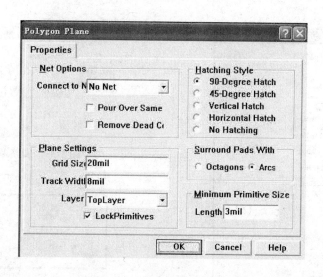

图 8-37　"Polygon Plane" 对话框

● Connect to Net：在本项的下拉列表中选择覆铜所要连接的网络名称。如果选择"No Net"（表示该覆铜不和任何网络连接），那么本栏的其余两项就起不到作用了。

● Pour Over Same Net：选中本项，表示在覆铜的时候，将与相同网络的导线相重合。覆铜与其他网络名称导线之间存在着间距，此间距的大小取决于在设计规则对话框中设定的布线安全间距约束。

● Remove Dead Copper：本项用于设置是否删除死铜。死铜是在覆铜之后，与网络没有铜膜连接的部分覆铜。

Plane Settings：本栏含有 4 个选项，用于设置覆铜的格点间距、网格线的宽度，以及所在的工作层。

● Grid Size：本项用于设置覆铜的格点间距。

● Track Width：本项用于设置覆铜网格线的宽度。

如果要得到整片的覆铜，而不是网格覆铜，可以将网格线的宽度设定为大于或等于格点的间距。建议在"Grid Size"和"Track Width"选项输入数值时，带上尺寸单位"mm"或者"mil"。如果输入数值没有单位的话，那么程序将默认地使用当前电路板中所设定的尺寸单位。

● Layer：在本项的下拉列表中选择覆铜所在的工作层面。

● Lock Primitives：本项用于设置要放置的是覆铜还是导线。不选此项，表示所放置的是导线。两种不同的设置在电路板外观上是一样，工作上也没有区别。如果不选此项，所放置的"覆铜"是由多条导线组成的。

Hatching Style：本栏含有 5 个选项，用于设置覆铜的样式。

● 90-Degree Hatch：采用 90° 网格线覆铜。

● 45-Degree Hatch：采用 45° 网格线覆铜。

● Vertical Hatch：采用垂直线覆铜。

● Horizontal Hatch：采用水平线覆铜。

● No Hatching：采用中空覆铜。

Surround Pads With：本栏有两个选项，用于设置铜膜和相同网络中焊盘的连接方式。

● Octagons：采用八角形的连接方式。

● Arcs：采用圆弧形的连接方式。

如果执行菜单命令"Design→Rules…"，在设计规则设置对话框的"Manufacturing"标签下，将"Polygon Connect Style"约束项设置为"Direct Connect"，那么在覆铜之后，程序将不管"Surround Pads With"栏中的设定内容，对铜膜和同一网络中的焊盘都采取"Direct Connect"（完全连接）的方式。

Minimum Primitive Size：本栏用于设置最短的铜膜网络线的长度，在"Length"选项中输入设置值。同前面一样，请注意数值尺寸单位的问题。

② 设置完毕后，单击"OK"按钮，出现十字形的鼠标指针；像绘制导线一样绘制一个框，将要覆铜的区域圈在其中。请注意，在绘制过程中，单击鼠标右键，将退出命令状态，同时程序会自动将起始点与最后放置的导线端点连接起来，以形成一个封闭的区域。

8.4.2 外围线的处理方法

"外围线"就是对某个网络的导线，用相同工作层中的导线将它们围起来。默认的外围线没有网络名称，它不属于电路板上的任何一个网络。如果把外围线与地线连接起来，即将外围线的网络名称更改为与地线同样的网络名称，我们称做"包地"操作，它可以防止干扰。

下面，以图 8-38 所示的电路为例，讲述添加部分导线的外围线。

① 执行菜单命令"Edit→Select→Net"，选取所要包围的网络，如图 8-39 所示。

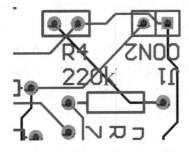

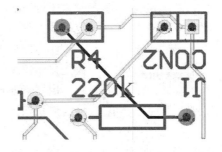

图 8-38　示例电路图　　　　　　图 8-39　选取网络

② 选择完毕后，执行菜单命令"Tools→Outline Selected Objects"，为选中的网络添加外围线，结果如图 8-40 所示。对于不同工作层上的导线，外围导线会自动调整被放置的工作层面。

③ 完成后，修改外围线的网络名称，将它们和对应的网络连接起来。

8.4.3 补泪滴

泪滴导线，就是在导线进入焊盘或过孔时，其线宽逐渐变大，形成泪滴状。制作泪滴导线的操作也就是"补泪滴"。进行导线的补泪滴，并不是为了好看，而是为了加强导线和焊盘（或过孔）之间的连接。如果导线以等宽进入

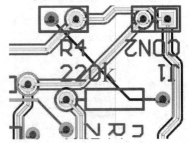

图 8-40　添加外围线

焊盘或过孔，那么在进行钻孔加工的时候，应力将集中于导线和焊盘（或过孔）的连接处，可能导致断裂，所以需要补泪滴以加强它们之间的连接。

① 执行菜单命令"Edit→Select→Net"，选中进行补泪滴的导线。

② 执行菜单命令"Tools→Tear drops→Add"，程序将自动为选中的导线补泪滴，如图 8-41 所示。

③ 若要删除某条导线上的"泪滴"，还是按照步骤 ① 的操作选中这条导线。

④ 执行菜单命令"Tools→Teardrops→Remove"，删除选中导线上的"泪滴"。

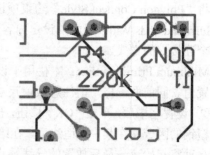

图 8-41　程序自动为选中的导线补泪滴

8.5　电路板上元件参数的隐藏

在电路原理图的绘制过程放置元件时，一般在元件属性设置对话框的"Pan Type"项中输入该元件的具体参数，然后在原理图编辑器中生成相应的网络表文件，且在 PCB 编辑器中载入网络表文件后，电路板上的元件将出现两个文字说明：一个是元件的编号，另一个是元件的参数，如图 8-42 所示。

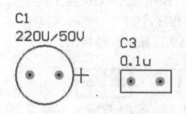

图 8-42　元件编号和参数

在 PCB 编辑器中，执行菜单命令"Place→Component…"，将弹出元件放置对话框。在这个对话框中，"Footprint"选项用于输入元件封装的名称，"Designator"选项用于元件的编号，"Comment"选项用于输入元件的参数，单击按钮可以浏览查找元件。

在电路板的设计过程中，有时不希望元件的参数在电路板上显示出来，为了隐藏这些元件的参数，有两种方法。

用鼠标左键直接双击参数的文字，在弹出的属性设置对话框中选中"Hide"项，再单击"OK"按钮就可以将这个参数文字置于隐藏状态，如图 8-43 所示。

显然，这样逐个更改是件很麻烦的事情，考虑到前面在原理图绘制时曾经提到过的全局编辑（Global Editing）功能，单击图 8-43 所示对话框中的 Global 按钮，打开属性全局编辑对话框，并进行适当的设置，如图 8-44 所示。

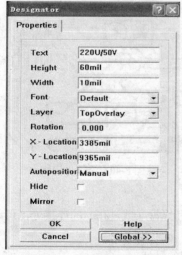

图 8-43　属性设置对话框

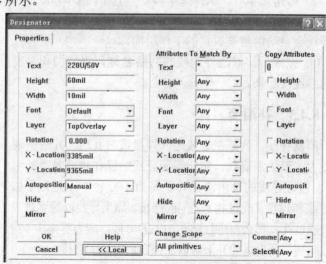

图 8-44　属性全局编辑对话框

单击"OK"按钮，从弹出的如图 8-45 所示的对话框中可以看到，采用全局编辑也只更改了一个对象，即当前的文本对象，单击对话框中的"Yes"按钮，隐藏当前的文本。

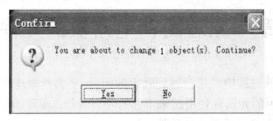

图 8-45　确定更改

8.6　焊盘特殊形式内"孔"的标识

在我们使用的元器件中，有些元件引脚的截面可能不是圆形的，如常用的 JS 系列继电器的引脚就是矩形，而且长度远大于宽度。那么如果电路板上存在这类元件，如何能让电路板制作厂家生产出我们所需的电路板呢？

可以在"Keepout Layer"工作层上，对已含有特殊形式内孔的焊盘拉出引线，并添上说明文字，如图 8-46 所示。

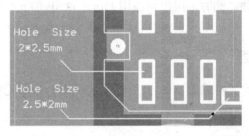

图 8-46　添加说明文字

说明文字的格式不限，只要厂家可以读懂即可。如图 8-46 中的说明文字表示：内"孔"为"2*2.5mm"和"2.5*2mm"的矩形内"孔"。

习　题　八

8-1　执行菜单"Edit→Select"和工具按钮，练习对某个网络进行选定和检查。练习在电路板的设计过程中，准确、快速地对导线、过孔、焊盘、特殊孔、元件进行编辑。

8-2　对第 5 章习题中的 5-5 题运用设计规则，为电路板的电源线、地线和信号线设置不同的布线宽度和相互间距（例如电源线、地线宽度为 1mm，信号线宽度为 0.3mm，相互间距为 0.2mm）。 根据需要为各类过孔和元件焊盘设置不同的内、外孔径。

8-3　运用本章所学各种技巧，对第 4 章习题中的 4-5 题所画电路板进行调整和修改。

第9章　原理图、电路板的元件制作

在绘制电路原理图的过程中经常会遇到棘手的问题,要么是原理图元件库中没有所要使用的元件,或者是元件库中的元器件使用起来不够方便。因此,在开始绘制原理图之前,应该首先了解元件库中是否包含自己所需要的元件。虽然 Protel 99 SE 所提供的元件库中包含各种常用及专用的元器件,但实际工作中,某些常用的元器件或特殊的元器件却不一定在库中能够找得到。同样,在绘制 PCB 板的时候也常常遇到同样的问题。为此,需要创建元件库或封装库中所没有而要用到的新元件。

9.1　原理图的元件制作

放置元件之前,需要添加元件所在的库。尽管 Protel 99 SE 提供的元件库非常丰富,但是随着科技的发展总有新型元件是库里没有的。这些新型元件,元件库来不及收集,或者本来就是用户自定义的非标准元件。此时,用户可以用 Protel 99 SE 的元件库编辑服务器,自己动手创建新元件。

9.1.1　库元件编辑器

这一节首先介绍加载库元件编辑器的方法,接着将简单介绍库元件编辑器中一些工具的使用方法。

1. 加载库元件编辑器

① 执行菜单命令"File→New"。

② 执行上一步的命令后,工作平面上将出现如图 9-1 所示的"New Document"选项窗口。

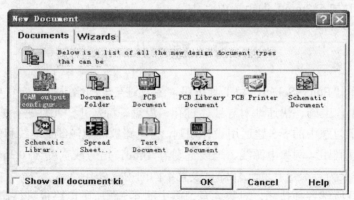

图 9-1　New Document 选项窗口

此时用鼠标左键双击 图标,或用鼠标左键单击此图标后再单击"OK"按钮,表示确认,即可进入库元件编辑器界面,如图 9-2 所示。

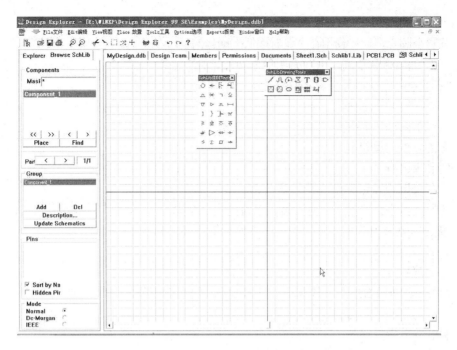

图 9-2　库元件编辑器界面

2．库元件编辑工具

（1）"SchLib Drawing Tools" 工具栏

元件是由外观、引脚和内部的数据组成的，制作元件的外观和引脚可用如图 9-3 所示的 "SchLib Drawing Tools" 工具栏来进行。

如图 9-3 所示，打开或关闭 "SchLib Drawing Tools" 工具栏可以选择 "View" 菜单，然后在弹出的下拉菜单中选择 "Toolbars" 选项，在弹出的第二层下拉菜单中选择 "Drawing Toolbar" 选项。

图 9-3　SchLib Drawing Tools 工具栏

元件库绘图工具栏的各个按钮的功能如下：

╱	画直线工具	⋀	画曲线工具
⌒	画弧线工具	⟁	画多边形工具
T	添加文字工具	▯	画元件工具
⊃	新增部分元件工具	▢	画矩形工具
▢	画弧线角矩形工具	⬭	画椭圆工具
▣	粘贴图片工具	▦	数组式复制工具
⊰	画引脚工具		

（2）"SchLib IEEE Tools" 工具栏

Protel 99 SE 还提供如图 9-4 所示的 "SchLib IEEE Tools" 工具栏，用来放置有关的工程符号，如反相器、时钟符号等。

与 "SchLib Drawing Tools" 工具栏的打开或关闭相似，"SchLib IEEE Tools" 工具栏的打开或关闭可以选择 "View" 菜单，然后在弹出的下拉菜单中选择 "Toolbars" 选项，在弹出的下拉菜单中选择 "IEEE Toolbar" 选项。

SchLib IEEE Toolc 工具栏中各个按钮的功能如下：

○ 放置小圆点，一般使用在负逻辑或低态动作的场合。

← 从右到左的信号流，用来指明信号传输方向。

▷ 时钟信号符号，用来表示输入正极触发信号。

⊣ 低态动作输入符号。

⚲ 类比信号输入符号。

⚹ 无逻辑性连接符号。

⌐ 延迟输出符号。

⚬ 具有集电极开路输出的符号。

▽ 高阻抗状态符号（三态门的第三态为高阻抗状态）。

图 9-4 SchLib IEEE Tools 工具栏

▷ 高扇出电流的符号，用于扇出电流比一般容量大的场合。

⊓ 脉冲符号，如单晶态元件使用此符号。

⊢ 延时符号。

〕 多条 I/O 线组合符号，用来表示多条输入线及输出线的组合。

〉 二进制组合的符号。

⊦ 输出极性指示符号。

⋈ 符号。

≥ 大于等于符号。

⚵ 具有提高电阻的集电极开路输出符号。

◇ 发射极开路输出符号，这种引脚的输出有高阻抗低态和低阻抗高态两种。

◈ 具有电阻接地的发射极开路输出符号，其输出有高阻抗低态和低阻抗高态两种。

数字信号输入，通常使用在类比元件中，某些引脚需用数字信号控制的场合。

▷ 反相器符号。

◁▷ 双向信号符号，用来表示该引脚具有输入、输出两种作用。

⇇ 数据向左移的符号。

≤ 小于等于符号。

Σ 加法求和∑符号，用于加法器元件中。

⊓ 施密特触发输入特性的符号。

⇉ 数据向右移符号。

3．菜单命令

Protel 99 SE 库元件编辑器的菜单命令与元件原理图编辑器的菜单命令的设置相似，有"File"、"Edit"、"View"、"Place"、"Tools"、"Options"、"Reports"、"Windows"和"Help"9 个命令执行窗口。

"File"命令栏主要是有关文档管理的操作，如打开、保存、关闭图形文件等。

"Edit"命令栏主要是有关文档编辑的操作，如选择、撤销、查找等。

"View"命令栏主要是有关页面显示状态的操作，如工具栏的打开及关闭、状态显示的设置等。

"Place"命令栏里是图形放置的命令。

"Tools"工具栏里的命令主要应用于创建新的库元件，以及查看和管理元件库。

"Options"工具栏提供库元件工作环境的设置工具。

"Reports"工具栏里的命令可以帮助设计者了解元件库里的元件和使用的基本库信息。

"Windows"工具栏可以帮助用户设置窗口的排列方式，查看当前打开的文件的目录。

"Help"工具栏向用户提供 Protel 的使用帮助。

9.1.2　创建新的库元件

这里将以一个 LED 数码管的符号制作为例，介绍创建新元件的方法和步骤。

① 执行菜单命令"Tools→New Component"。

② 出现如图 9-5 所示的"New Component Name"对话框。

在此对话框里可以定义新建元件的名称，如这里设新建元件名称为"LED"。设置完成后，用鼠标单击"OK"按钮，即可将该元件命名为"LED"。

③ 执行菜单命令"Options→Document Options"，这时出现如图 9-6 所示的"Library Editor Workspace"对话框。在此，设计者可设置库编辑器界面的式样、大小、方向、颜色、各点等内容。具体设置方法与电路原理图编辑器的界面设置相似。

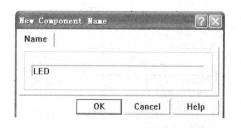

图 9-5　New Component Name 对话框

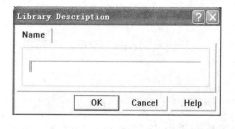

图 9-7　Library Description 对话框

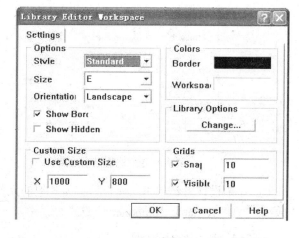

图 9-6　Library Editor Workspace 对话框

如果执行菜单命令"Library Options→Change…"，则弹出如图 9-7 所示的"Library Description"对话框，用户可以选择需要连接的元件库。

工作界面设置完成后，单击"OK"按钮，退出"Library Edicator Workspace"对话框。

④ 执行菜单命令"View→Toolbars"，在弹出的下拉菜单中选择"Drawing Toolbar"选项，打开"SchLib Drawing Tools"工具栏。

⑤ 绘制矩形符号，执行菜单命令"Place→Rectangle"；然后绘制日字形符号，执行菜单命令"Place→Line"；再绘制小数点符号，执行菜单命令"Place→Ellipses"。在绘图过程中，当光标呈十字形时按 Tab 功能键，可对将绘制的图线线宽、颜色等进行编辑。

紧接着制作引脚，执行菜单命令"Place→Pins"，光标变为十字形，单击功能键"Tab"，弹出如图 9-8 所示的"Pin"对话框。在该对话框中对引脚的属性进行设置。对 1 号引脚的设置如图 9-8 所示。设置结束后，单击"OK"按钮，回到工作区。

最后放置引脚，移动光标，将引脚移到适当的位置，且按空格键调整其放置的方向。单击鼠标左键或按回车键，即将 1 号引脚粘贴到元件的轮廓上去，重复上面的过程，将第 2 引脚到第 10 引脚依次制作好。

完成后的结果如图 9-9 所示。制作完成后，选择"File"菜单，在弹出的下拉菜单中选择"Save"选项，将其存入元件库中。

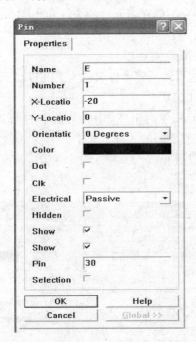

图 9-8　Pin 对话框　　　　　　图 9-9　引脚设置完成图

⑥ 如果设计者希望将此元件另存为其他的元件名，可以选择"Tools"菜单，在弹出的下拉菜单中选"Rename Component"选项。

9.1.3　库元件的管理

如果在库元件编辑器打开设计数据库管理器，用鼠标左键单击"Browse SchLib"标签，即可进入库元件管理器。

1. Component（元件）

"Component（元件）"栏内按字母顺序列出此元件库包含的所有库元件的名称。如果用鼠标左键单击某一库元件的名称，则在右端的库元件编辑器中出现相应的库元件的图形显示。

用鼠标左键单击 << 按钮，则系统自动跳到此元件库的第一个元件处，并显示此元件的图形。同理，如果用鼠标左键单击 >> 按钮，则系统自动跳到此元件库的最后一个元件处，并显示此元件的图形。

如果用鼠标左键单击 < 按钮，则系统自动跳到当前选中元件的上一个元件处，并显示此元件的图形。同理，如果用鼠标左键单击 > 按钮，则系统自动跳到当前选中的元件的下一个元件处，并显示此元件的图形。

用鼠标左键单击"Find"按钮，系统将弹出"Find Schematic Component"对话框，如图 9-10 所示。

设计者可以根据需要设置需要查找的库元件的名称、查询路径、所在元件库的名称等，确认正确后，用鼠标左键单击"Find Now"按钮，则系统将自动查找符合设置要求的库元件。用鼠标左键单击"Stop"按钮，则系统停止搜索状态。如果用鼠标左键单击"Place"按钮，则系统自动跳到原理图文件编辑器，同时进入"放置元件"命令状态，等待设计者选择合适的位置放置当前选中的库元件。

2. Part（部分）

有些元件可能是由几个相同或不同的部分组成的。Part（部分）栏显示当前选中的元件的结构组成。如果用鼠标左键单击 **>** 按钮，则系统自动跳到当前选中的元件的下一部分，显示此部分的库元件原理图。同理，如果用鼠标左键单击 **<** 按钮，则系统自动跳到当前选中的元件的上一部分，显示它的库元件原理图。

图 9-10　Find Schematic Component 对话框

3. Group（组）

Group（组）栏显示 Component（元件）栏中选中的元件所从属的组的名称，如图 9-11 所示。

如果单击"Group"栏中的"Add"按钮，系统将弹出"New Component Name"对话框。设计者可以在此对话框里填写需要加入组的元件的名称，然后再单击"OK"按钮，此库元件被加到 Group 栏当前打开的组中。

如果单击"Del"按钮，则当前"Group"栏中被选中的库元件将从此组中删除。如果单击"Description…"按钮，则"Component Text Fields"对话

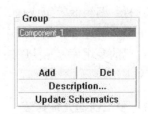

图 9-11　Group（组）

框将出现在工作平面上，如图 9-12 所示。

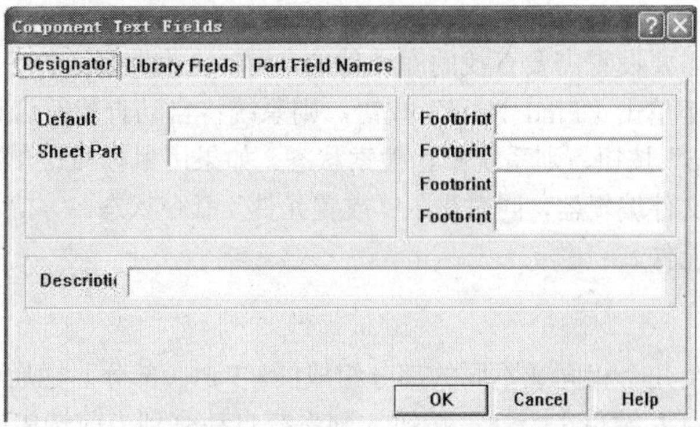

图 9-12　Component Text Fields 对话框

　　设计者可以在此对话框里对选中的元件特性进行描述，也可在此对话框里查看元件的特性，如元件的标识、引脚以及元件所属的库、所属的组等。有些库元件有相对应的电路原理图结构，如果设计者希望查看此库元件对应的原理图结构，则可以单击图 9-11 中的"Update Schematics"按钮。

4．Pin（引脚）
Pin（引脚）栏显示 Component（元件）栏中选中的元件的引脚的设置。

9.2　电路板的元件制作

　　ADV PCB 元件库中的元件是原理图中元件的封装形式。在 PCB 系统中可以直接修改元件的封装，这种方法方便而且快速。通常用这种方法只是为了暂时得到不常用的元件封装。对于经常使用但在元件封装库里又找不到的元件封装，就要使用元件封装编辑器来生成一个新的元件封装。

9.2.1　启动元件封装库编辑服务器与制作 PCB 元件封装

　　执行菜单命令"File→New"，从弹出的对话框中选择元件封装库编辑服务器图标"PCB Library Document"。双击图标就会建立如图 9-13 所示的元件封装库编辑文档，用户可以修改文档名。双击设计管理器中的元件封装库文档图标，就会进入元件封装库编辑工作界面。元件封装库编辑服务器与 PCB 设计服务器界面相似，主要由设计管理器、主工具栏、菜单栏、常用工具栏、编辑区等组成。

　　下面将讲述如何创建一个新的 PCB 元件封装。假设需要建立一个新的元件封装库，作为用户自己的专用库。元件库的文件名为"My PCB.LIB"，且将需要创建的新元件封装放置到该元件库中。

1．手工创建元件封装
　　下面以手工创建发光二极管封装为例。通过手工创建元件封装，实际上是用 Protel 99 SE 提供的绘图工具，按照实际的尺寸绘制该元件封装，启动且进入元件封装编辑服务器。

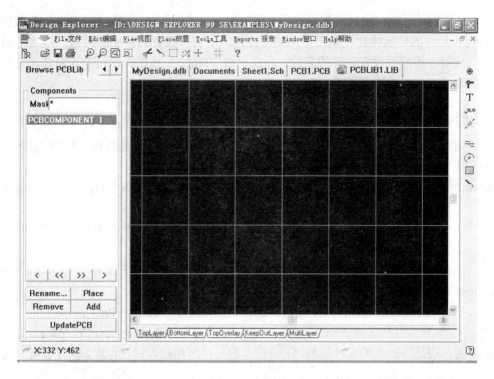

图 9-13　元件封装库编辑工作界面

　　执行菜单命令"Place Track→Place Pad"，分别绘制导线和焊盘。相应的尺寸根据实际的要求进行设置，只要双击即可对其进行属性设置。画好的图形如图 9-14 所示（注意，绘制图形时是在 Top Overlay 层绘制）。绘制好后，对其封装进行命名（注意，通常此封装名要与原理图相应的发光二极管的封装名一致）。

2．利用向导创建元件封装

　　Protel 99 SE 提供的元件向导允许用户预先定义设计规则，在这些设计规则定义结束后，元件封装编辑器自动生成相应的新元件封装。

　　启动并且进入元件封装编辑服务器，执行菜单命令"Tools/New Component"，系统弹出如图 9-15 所示对话框。单击"Next"按钮，用户可以设置元件的外形。选好后单击"Next"按钮，用户此时可设置焊盘的有关尺寸，只需在需要修改的地方用鼠标单击，再输入尺寸即可。

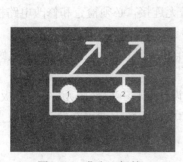

图 9-14　发光二极管

图 9-15　Component Wizard 对话框

单击"Next"按钮，用户可以设置引脚的水平间距、垂直间距和尺寸。单击"Next"按钮，用户可以设置元件的轮廓线宽。单击"Next"按钮，用户可设置元件引脚数量。设置好后单击"Next"按钮，用户可设置元件的名称。最后单击"Finish"按钮，即可完成对新元件封装设计规则的定义，同时生成新元件封装。

9.2.2　元件封装库的管理

元件封装库管理器与设计管理器集成在一起，打开和关闭与设计管理器相同。以下是一些按钮的作用。

Mask 设置项用于筛选元件。元件名显示区位于 Mask 设置项的下方，其作用是显示元件库里的元件名。

"　《　"的作用是选择元件库中的第一个元件，相当于菜单命令"Tools→First Component"。

"　》　"的作用是选择元件库中的最后一个元件，相当于菜单命令"Tools→Last Component"。

"　<　"的作用是选择前一个元件，相当于菜单命令"Tools→Pre Component."。

"　>　"的作用是选择下一个元件，相当于菜单命令"Tools→Next Component"。

Add 的作用是添加新的元件封装名，将指定的元件名称归入该元件库。执行后将出现元件向导。

Rename 的作用是更改元件封装名。用户先选择需要更名的元件，然后将弹出"Rename Component"对话框。

Place 的作用是将选择的元件封装放置到电路板中。

Remove 的作用是将选择的元件封装从库中移出。

Update PCB 的作用是更新电路图中有关该元件的部分。单击该按钮，系统将该元件在元件封装编辑服务器所做的修改反映到电路板中。

习　题　九

9-1　设计制作一个小型圆电位器原理图元件。

9-2　根据题 9-1 设计的圆电位器的实物尺寸及技术参数设计制作对应的电路板元件，注意电路板元件的引脚必须和原理图元件引脚及实物一一对应。

9-3　设计一个简单电原理图及其对应的电路版图将题 9-1 和题 9-2 所设计制作的元件调入，看电路版图中所设计制作的元件引脚是否有连线，若无连接，必须检查和修改电路板元件的引脚和原理图元件引脚的对应关系直到正确（有连线）为止。

9-4　根据某小型继电器实物及其技术参数设计制作其原理图元件及其对应的电路板元件，并命名和保存到所需的库中。

9-5　根据实际需要的电子元器件实物及其技术参数设计制作其原理图元件、电路板元件，并给以实际的命名和保存到所需的库中，分别在原理图和电路版图中调用并检查、修改直至所设计的元件结果正确无误。

第 10 章　电路原理图仿真

Protel 99 SE 中的模拟器可对单个或多个原理图直接进行数字模拟仿真。它使用最新的 Berkeley 的 SPICE3f5/Xspice 版本，能够进行模拟数字混合仿真，采用事件驱动的数字器件（TTL/CMOS）行为模型，不需要进行 D/A 或 A/D 变换就可以进行精确的数字和模拟器件仿真。Protel 99 SE 采用一种特殊语言描述数字器件允许使用 Xspice 的事件驱动版本，用于仿真的数字器件都用数字 SimCode 语言描述并且放在 Simulation-ready 原理图库中（Sim.ddb）。

因此，只需简单地从仿真用组件库中调出组件连接好原理图，加上激励源，设置好仿真参数，便可开始仿真。

10.1　电路仿真的基础知识

10.1.1　电路仿真的一般流程、步骤

1. 流程

设计仿真用原理图→设置仿真环境→仿真原理图→分析仿真结果。

2. 步骤

① 在原理图编辑器中载入仿真组件库"Sim.ddb"。
② 在电路图上放置仿真组件，设置组件的仿真参数。
③ 放置连线，绘制仿真电路原理图。
④ 在仿真电路原理图中添加电源及激励源。
⑤ 设置仿真结点，以及电路的初始状态。
⑥ 对电路原理图进行 ERC 检查。如果电路中存在错误，要先纠正错误才能进行仿真。
⑦ 设置仿真分析的参数。
⑧ 运行仿真器，得到仿真结果。

10.1.2　仿真器件

要使仿真顺利执行，得到较真实的结果，要对器件的参数进行适当的设置。当然，这些器件很多参数都有初始值，而且满足绝大部分仿真，在必要时才修改。在下面讲述中，凡是相同的项不再重复说明。如"Designator"是相应器件名称，"Part Type"是相应器件的数值，L 为其长度，W 为其宽度，Temp 为工作温度，默认是 27 摄氏度，等等。

1. 电阻

① RES：固定电阻。　② RESSEMI：半导体电阻。
③ RPOT：电位器。　④ RVAR：可变电阻。
这些电阻的属性设置如下。

Designator：电阻器名称。

Part Type：电阻值，以 Ω，kΩ，MΩ 为单位。

L：（在 Part Fields 选项卡里设置）半导体电阻的长度，单位为 m。

W：（在 Part Fields 选项卡里设置）半导体电阻的宽度，单位为 m。

Temp：（在 Part Fields 选项卡里设置）半导体电阻工作温度，单位为摄氏度，默认是 27 摄氏度。

Set：（在 Part Fields 选项卡里设置）可变电阻和电位器的动点位置，其值必须大于 0、小于 1。

2．电容

① CAP：固定无极性电容。　　② CAP2：固定有极性电容。

③ CAPSEMI：半导体电容。

这些电容的部分属性设置如下。

IC：（在 Part Fields 选项卡里设置）初始条件，即电容的初始电压值。此项还必须在 "Transient→Fourier" 选项栏分析里设置才有效。

3．电感

INDUCTOR：电感器。

IC：（在 Part Fields 选项卡里设置）初始条件，即电感的初始电流值。此项还必须在 "Transient→Fourier" 选项栏分析里设置才有效。

4．二极管

在库 Diode.lib 中有大量的以工业标准部件命名的二极管。

Area：二极管面积因素。

Off：设置二极管的结压降为 0，有助于分析的收敛。

5．三极管

在库 BJT.lib 中有大量的以工业标准部件命名的三极管。

6．结型场效应管

在库 JFET.lib 中有很多型号的结型场效应管，它的模型是建立在 Shichman 和 Hodges 的场效应管模型上的。

7．MOS 场效应管

在库 MOSFET.lib 中有很多型号的 MOS 场效应管。部分属性设置如下。

L：沟道长度，单位为 m。　　　　W：沟道宽度，单位为 m。

AD：漏极面积，单位为 m^2。　　　AS：源极面积，单位为 m^2。

PD：漏结参数。　　　　　　　　　PS：源结参数。

NRD：漏极扩散系数。　　　　　　NRS：源极扩散系数。

8．MES 场效应管

在库 MESFET.lib 中有一般的 MES 场效应管。它的模型是 Statz 的 GaAs FET 模型。

9．电压或电源控制开关

在库 Switch.lib 中有如下开关。

① CSW：电流控制开关。

② SW：电压控制开关。

③ SW05：动作电压 VT=500 mV 的电压控制开关。

④ SW10：VT=0.01 V 的电压控制开关。

⑤ SW10：VT=500 mV 的电压控制开关。

⑥ STTL：VT=2.5V，滞环电压 VH=0.1V 的电压控制开关。

⑦ TTL：VT=2.5V，VH=1.2V，断电阻 ROFF=100E+6 的电压控制开关。

⑧ TRIAC：VT=0.99V，RON=0.1，断电阻 ROFF=100E+7 的电压控制开关。

部分属性设置如下。

ON/OFF：初始条件，选择 ON 或 OFF。

由于开关的非线性可以引起电路的不连续性，从而导致时间步长、误差和数值计算方面的困难，以至出现错误的结果。因此，在仿真时应注意以下几点。

① 开关的阻抗相对其他元件足够大或低到可以忽略为好。

② 模仿实际的 MOS 管时，可以使用理想阻抗。

③ 如果在开关模型中必须使用大范围的开态到关态电阻（ROFF/RON>1E+12），则在瞬态分析中设置 TRTOL 的参数为 1。

④ 如果开关与电容很接近，则应该减小 CHGTOL 参数，可设置为 1e-16。

以上的 TRTOL 和 CHGTOL 在仿真设置中设置。

SPICE 中支持的开关参数如表 10-1 所示。

表 10-1　SPICE 中支持的开关参数

名　称	定　义	单　位	当　前　值
VT，VH	阈值电压，滞环电压	电压（V）	0
IT，IH	阈值电流，滞环电流	安培（A）	0
RON	通电阻	欧姆（Ω）	1
ROFF	断电阻	欧姆（Ω）	1/GMIN（GMIN 是最小电导）

10．熔丝

在库 Fuse.lib 中包含一般的熔丝，部分属性设置如下。

Current：熔断电流。　　　Resistance：串联的熔丝电阻。

11．晶振

在库 Crystal.lib 中包含常用规格的晶振，部分属性设置如下。

Freq：晶振频率，单位 MHz。　　RS：晶振串联电阻。

C：电容值。　　　　　　　　　　Q：等效电路的 Q 值。

12．继电器（RELAY）

在库 Relay.lib 中包含大量的继电器，部分属性设置如下。

Pullin：吸合电压。　　　　Dropoff：释放电压。

Contact：接触电阻。　　　　Resistance：线圈阻抗。

Inductor：线圈电感。

13. 电感耦合器（变压器）

在库 Transformer.lib 中包括很多电感耦合器，部分属性设置如下。

Ratio：变比，副边线圈数/原边线圈数。

RP：原边直流电阻。　　　　　RS：副边直流电阻。

LEAK：漏电感。　　　　　　　MAG：磁化电感。

14. 传输线

在库 Transline.lib 中有如下几种传输线。

（1）LLTRA：无损传输线，部分属性设置如下。

ZO：特征阻抗。　　　　　　　TD：传输延迟（指结点间），如 TD=10ns。

F：频率（指结点间）。　　　　IC：初始时流过传输线的电流。

NL：在频率为 F 时相对于传输线波长归一化的传输电学长度（指结点间）。

（2）LTRA：有损传输线。

该线使用单电感两端口模型，该模型中使用电感、电容、电阻和长度，将这些参数直接输入元件的属性是不行的，必须更改模型文件。首先复制文件 ltaMDL，然后编辑此文件，更改.MODEL 后的字符串并且使其与新文件名一致，最后编辑属性。为了使用这个模型（.MODEL）文件，需要在属性中的"Part Type"栏目中输入新的模型名。例如已有模型如下：

MODEL　LTRA　LTRA（R=0.000 L=9.130nH　C=3.650pF　LEN=1.000）

若要创建的新文件为 LTRA10.MDL，则有：

MODEL　LTRA10　LTRA（R=0.2　L=32nH　C=13pF　LEN=10.000）

（3）URC：均匀分布有损传输线，部分属性设置如下。

N：使用 RC 线模型时，需要输入的集成 RC 断数。

15. TTL 和 CMOS 数字器件

在库 74xx.lib 中包含了 74 系列的逻辑元件；在库 Cmos.lib 中包含 4000 系列的 CMOS 逻辑元件。这些元件的部分属性设置如下。

Propagation：传播延迟，默认值为典型延迟时间。

Loading：输入负载特性，默认值为典型值。

Drive：输出驱动特性。

Current：电源电流。

PWR Value：电源电压，这里可以更改默认值；如果该值被指定，则必须指定 GND 数值。

GND Value：地线电压，这里可以更改默认值；如果该值被指定，则必须指定 PWR 数值。

VIL Value：低电平输入电压。

VOL Value：低电平输出电压。

VIH Value：高电平输入电压。

VOH Value：高电平输出电压。

WARN：可以设置为 OFF/ON，若设置为 ON，则可报告警告信息。

16. 集成电路器件

表 10-2 列出了集成电路所在的元件库及其说明。

表 10-2　集成电路所在的元件库及其说明

库　名	说　明
Tsegdisp.lib	一般显示不同颜色的 7 段 LED
Buffer.lib	按工业标准部件排序的缓冲器集成电路
Camp.lib	按工业标准部件排序的电流放大器
Comparator.lib	按工业标准部件排序的比较器
IGBT.lib	双极晶体管
Math.lib	带有数学传递功能的两端口器件
Misc.lib	各种集成电路和其他元件
Opamp.lib	按工业标准部件排序的不传热集成电路
Opto.lib	一般隔离
Regulator.lib	按工业标准部件排序的标准稳压集成电路
SCR.lib	晶闸管整流器
Timer.lib	555 时钟
Triac.lib	三端双向晶闸管元件
Tube.lib	不同的阀门
UJT.lib	不同的单结晶体管

10.1.3　仿真用的激励源

1．直流源

在库 Simulation Symbols.lib 中有以下直流源。

① VSRC：电压源。　　　　② ISRC：电流源。

部分属性设置如下。

AC Magnitude：若要进行交流小信号分析，就需要设置该项，典型值为 1。

AC Phase：交流小信号电压信号。

2．正弦仿真源

在 Schematic/Simulate/Sources 菜单中，可以直接调用直流，正弦和脉冲源数字电路的电源和地线引脚是隐藏的，它们自动和仿真其电源连接。库 Simulation Symbols.lib 中有以下正弦信号。

① VSIN：正弦电压源。　　　　② ISIN：正弦电流源。

部分属性设置如下。

DC Magnitude：此项不设置。

Offset：电压或电流的正弦偏置。

Amplitude：正弦曲线的峰值。

Delay：激励源初始延迟时间，单位为 s。

Damping Factor：正弦振幅衰减速率，正值衰减，负值增加，0 值为等幅。

Phase Delay：正弦波相移，如 0。

3．脉冲电源

在库 Simulation Symbols.lib 中有如下脉冲电源。

① VPULSE：电压脉冲源。

② IPULSE：电流脉冲源。

部分属性设置如下。

Initial Value：初始电压电流值。

Pulsed：电压幅值。

Time Delay：延迟时间，从 0 到有脉冲的时间。

Rise Time：上升时间，必须大于 0。

Fall Time：下降时间，必须大于 0。

Pulse Width：脉冲宽度。

Period：周期。

4．分段线性电源

在库 Simulation Symbols.lib 中有如下分段线性源。

① VPWL：分段线性电压源。

② IPWL：分段线性电流源。

部分属性设置如下。

Time/Voltage：这一组数为时间/幅值，输入时用空格隔开，最多可有 8 组数。该组数的 Time/Current 第一个数是单位为 s 的时间，第二个数为当时的电压或电流的幅值，如 0U 5V 5U 5V 12U 0U 50V 5V 60U 5V。

File Name：包含分段线性源数据的外部文件。

5．指数激励源

在库 Simulation Symbols.lib 中有如下指数激励源。

① VEXP：指数激励电压源。

② IEXP：指数激励电流源。

部分属性设置如下。

Rise Delay：上升延迟时间。

Fall Delay：下降延迟时间。

6．单频调频源

在库 Simulation Symbols.lib 中有如下单频调频源。

① VSFFM：电压源。

② ISFFM：电流源。

部分属性设置如下。

Offset：偏置，如 2.5。

Carrier：载波频率。

Modulation：调制指数。

Signal：调制信号频率。

该电源输出波形如下公式。

$$V (t) =VO+VA*sin[2*PI*Fc*t+MDI*sin (2*PI*Fs*t)]$$

式中，t：当时时间；VO：偏置；VA：峰值；Fc：载频；MDI：调制指数；Fs：调制信号频率。

7. 线性受控源

在库 Simulation Symbols.lib 中有如下线性受控源。

① GSRC：线性电压控制电流源。

② ESRC：线性电压控制电压源。

③ FSRC：线性电流控制电流源。

④ HSRC：线性电流控制电压源。

部分属性设置如下。

GSRC：跨导值，单位为 S（西[的]）。

ESRC：电压增益。

FSRC：电流增益。

HSRC：互阻值。

8. 非线性受控源

在库 Simulation Symbols.lib 中有如下非线性受控源。

① BVSRC：非线性受控源电压源。

② BISRC：非线性受控源电流源。

部分属性设置如下。

Part Type：输出波形的表达式。一般有如下函数：ABS（），LN（），SQRT（），LOG（），EXP（），SIN（），ASIN（），ASINH（），COS（），ACOS（），ACOSH（），COSH（），TAN（），ATAN（），ATANH（）。这些表达式可用的运算符有：+，–，*，/，^，unary 和-If。

此外，在表达式中可使用网络标记，如

V（Net）：表示在某点的电压。

I（Net）：表示在某点的电流。

9. 频率电压变换器

符号名称为 FTOV，在库 Simulation Symbols.lib 中。

部分属性设置如下。

VIL：输入信号的低电平。

VIH：输入信号的高电平。

CYCLES：每伏特输出电压所需要的周期数。

10. 电压控制振荡器

在库 Simulation Symbols.lib 中有如下电压控制振荡器。

① SINEVCO：电压控制正弦波振荡器。

② SQRTVCO：电压控制方波振荡器。

③ TRIVCO：电压控制三角波振荡器。

部分属性设置如下。

LOW：输出电压低电平，默认值为 0。

HIGH：输出电压高电平，默认值为 5。

CYCLE：占空比，范围 0~1，默认值为 0.5。（只有 SQRTVCO 和 TRIVCO 需要设置此项）。

RISE：上升时间，默认为 1μs。（只有 SQRTVCO 需要设置此项）。

FALL：下降时间，默认为 1μs。（只有 SQRTVCO 需要设置此项）。

C1：输入控制电压点 1，默认值为 0。

C2：输入控制电压点 2，默认值为 1。

C3：输入控制电压点 3，默认值为 2。

C4：输入控制电压点 4，默认值为 3。

C5：输入控制电压点 5，默认值为 4。

F1：输出频率点 1，默认值为 0。

F2：输出频率点 2，默认值为 1kHz。

F3：输出频率点 3，默认值为 2kHz。

F4：输出频率点 4，默认值为 3kHz。

F5：输出频率点 5，默认值为 4kHz。

这里输出频率（F1，F2，…）与控制电压（C1，C2，…）是相对应的。

10.2 仿真前的初始设置

仿真进行前，必须由原理图生成 Spice 网络表，因而必须确定结点。为了方便自己记忆，最好用人工加入网络标记的方法。这些结点一般都是需要测量的。

有的电路为使收敛更快，需要给定初始电压（如单稳态或双稳态电路）。在库 Simulation Symbols.lib 中有如下两个元件可以设置初始电压。

① NS（Nodeset）：设置结点电压元件，用于设置一个结点的初始电压。部分属性设置有 Part Type：结点电压值。

② IC（Initial Condition）：初始电压元件，用于设置瞬态特性/傅里叶分析的初始条件。部分属性设置有 Part Type：初始结点电压值。

10.3 仿真分析设置

在进行仿真前，设计者必须选择对电路进行哪种分析，收集哪个变量数据，以及仿真完成后自动显示哪个变量的波形等。

进行仿真器设置命令如下。

执行菜单命令 "Simulate→Setup"，将启动如图 10-1 所示的 "Analyses Setup" 对话框，在该对话框中共有 9 个标签页。

10.3.1 General 标签页

该标签页可以设置需要运行的分析（Select Analysis to Run）、需要收集的数据（Collect Data For）、网络表范围（Sheet to Netlist）、需要画图或显示数据的信号（Active Signal）。按钮 "Advanced…" 可以进入高级分析设置窗口进行分析误差、积分方法、数值电路电源、地线网络等设置。"Sim View Setup" 区域的选项是选择上一次显示设置或显示激活的信号。所有设置完毕后，按 "Run Analysis" 按钮即可进行仿真。

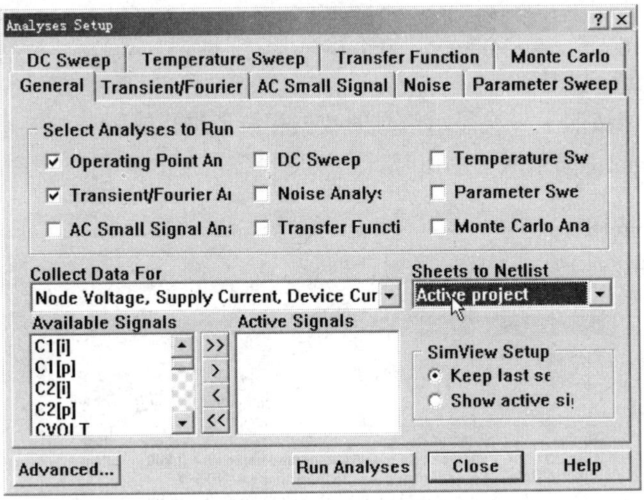

图 10-1 "Analyses Setup" 对话框

1. Select Analysis to Run 区域

Operating Point Analysis：工作点分析。

Transient/Fourier Analysis：瞬态特性/傅里叶分析。

AC Small Signal Analysis：交流小信号分析。

DC Sweep：直流分析。

Noise Analysis：噪声分析。

Transfer Function：传递函数分析。

Temperature Sweep：扫描温度分析。

Parameter Sweep：参数分析。

Monte Carlo Analysis：蒙特卡罗分析。

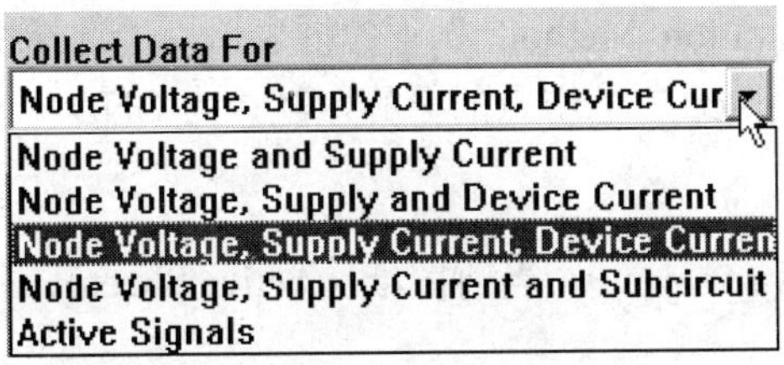

2. Collect Data For 下拉框

这里可以选择收集如下的数据和信息，如图 10-2 所示。

Node Voltage and Supply Current：收集结点电压和电源电流。

图 10-2 "Collect Data for" 下拉框

Node Voltage，Supply and Device Current：收集结点电压、电源和组件电流。

Node Voltage，Supply Current，Device Current and power：收集结点电压、电源电流、组件电流和功率。

Node Voltage，Supply Current and Subcircuit VARs：收集结点电压、电源电流和子电路变量。

Active Signals：收集被选择的信号。

3. Available Signal 区域

该区域显示所有指定显示数据下拉框中选择的所有内容。

4. Active Signal 区域

该区域显示用两个窗口之间的按钮从 "Available Signal" 窗口中移到该窗口中的需要显示

数据、波形的信号。

5. SimView Setup 区域

Keep Last Setup：按照上一次显示信号的数据和波形进行显示。

Show Active Signal：显示激活的信号。

6. Advanced…按钮

单击此按钮，弹出如图 10-3 所示的对话框。

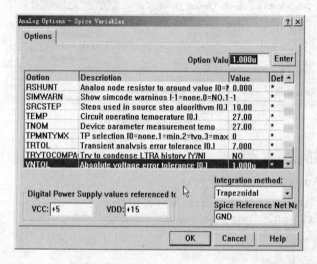

图 10-3　"Analog Options" 对话框

该窗口显示的是有关 Spice 软件分析电路时需要的一些参数，一般不要修改它。选择默认值就可以。其中 VCC 输入框用于输入数字电路的电源电压，默认值为 5V。VDD 输入框用于输入 CMOS 电路的电源电压，默认值为 15V。"Integration Method" 下拉框表示用于选择积分方法。"Spice Reference Net Name"对话框为输入 Spice 参考结点的名称，默认为 GND。

7. Sheet to Netlist 下拉框

这里可以设置网络表的范围。可以在项目（Active Project）、当前图纸（Active Sheet）、多图纸（Active Sheet Plus Sub Sheets）之间选择。

10.3.2　瞬态特性/傅里叶分析

如图 10-4 所示，该页共有三个区。

1. 瞬态特性分析选项区（Transient Analysis）

瞬态特性分析是从时间零开始，到用户规定的时间范围内进行的。设计者可以规定输出的开始到终止的时间和分析的步长，初始值可由直流分析自动确定。所有与时间无关的源，用它们的直流值，也可以用设计者规定的各组件上的电平值作为初始条件进行瞬态分析。

瞬态分析的输出是在一类似示波器的窗口中，在设计者定义的时间间隔内计算变量瞬态输出电流或电压值。如果不使用初始条件，则静态工作点分析将在瞬态特性分析前自动执行，以测到电路的直流偏置。

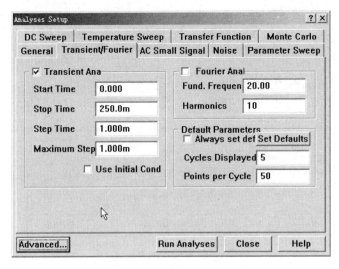

图 10-4　瞬态特性/傅里叶分析

　　用户若要进行瞬态特性分析，选中该区的复选框即可。其中的各项对话框分别设置，开始时间（Start Time）、终止时间（Stop Time）、步长（Set Time）、最大步长（Maximum Step）和使用初始条件。

2. 傅里叶分析（Fourier Analysis）选项区

　　傅里叶分析是计算瞬态分析结果的一部分，得到基频、DC 分量和谐波。不是所有的瞬态结果都要用到，只用到瞬态分析终止前的基频的一个周期。若 PERIOD 是基频的周期，则瞬态分析至少要持续 1/FREQ（1/FREQ =PERIOD）秒。要进行傅里叶分析，用户选中该区复选框即可，其中各对话框，可分别设置傅里叶分析的参数。

Fund Frequency：傅里叶分析的基波频率。

Harmonics：所需要的谐波次数。

3. 默认参数（Default Parameters）区域

Always set defaults：总使用默认值。

Cycles Displays：显示循环数。

10.3.3　交流小信号分析

　　交流小信号分析（AC Small Signal Analysis）显示电路的频率响应。先计算电路的直流工作点，决定电路中所有非线性器件的线性化小信号模型参数，然后在设计者所指定的频率范围内对该线性化电路进行分析。

　　当选中"AC Analysis"复选框后，即可进行交流小信号分析。电路原理图必须包括至少一个交流源，且该交流源适当设置过。该源在开始频率到终止频率间扫描。扫描正弦波的幅值和相位在原理图中的激励源的 Part Field 中定义。其设置如图 10-5 所示。

1. AC Analysis 区域

Start Frequency：开始分析频率。

Stop Frequency：终止分析频率。

Test Points：分析点数。

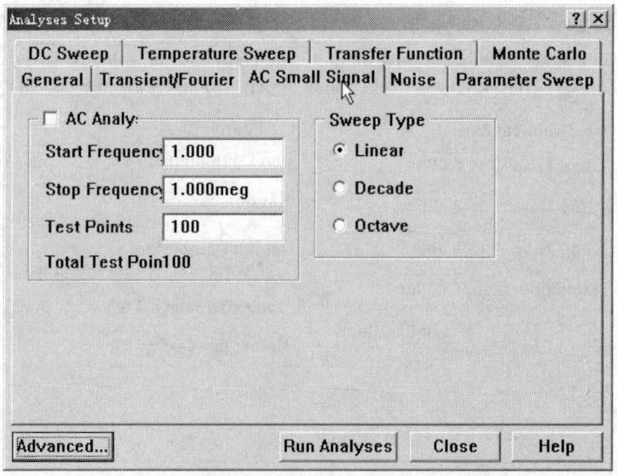

图 10-5 交流小信号分析

2．Sweep Type 区域

Linear：线性扫描。

Decade：十倍频程扫描（对数扫描）。

Octave：倍频扫描。

10.3.4 噪声分析

该设置是进行电路的噪声分析（Noise）。电路中产生噪声的器件有电阻器和半导体器件，每个器件的噪声源在交流小信号分析的每个频率计算出相应的噪声，传送到一个输出结点。所有传送到该结点的噪声进行 Rms（方均根）相加，得到输出端的等效输出噪声。同时计算出从输入源到输出端的电压（电流）增益，由输出噪声和增益就可得到等效输入噪声值。噪声分析是与交流分析一起进行的。

噪声谱密度的单位是 V^2/Hz。V 是噪声电压，在噪声分析中电容、电感和受控源可以看作无噪声组件。当用户选中该设置页（如图 10-6 所示）中的复选框，且进行适当设置后，即可进行噪声分析。各项设置含义如下（与交流小信号分析相同的这里不再重复说明）。

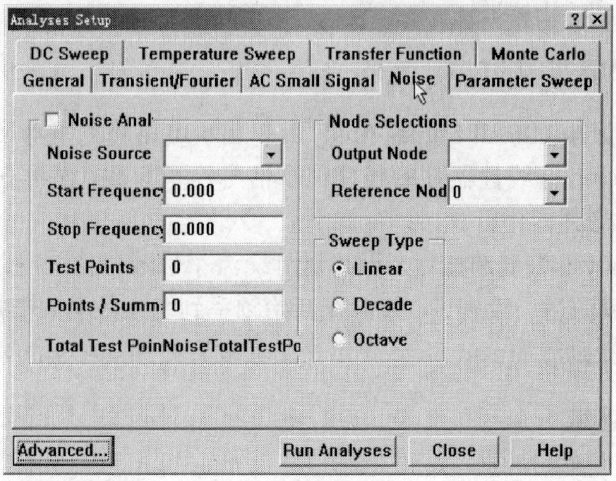

图 10-6 噪声分析

1．**Noise Analysis** 区域

Noise Source：等效噪声的位置。

Points/Summary：点数/总结。输入 0 只计算输入和输出的噪声，输入 1 计算各个组件的噪声分布。

2．**Node Selections** 区域

Output Node：选择输出结点。

Reference Node：选择参考结点。

10.3.5 参数分析

参数扫描分析（Parameter Sweep）允许对组件的参数在一定范围内进行扫描，对每一个组件参数的扫描点，都要进行交流、直流和瞬态分析一次。设置窗口如图 10-7 所示。

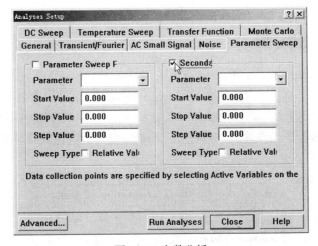

图 10-7　参数分析

Parameter Sweep Primary 区域

Parameter 下拉框：选择需要扫描的参数（扫描参数可以是组件参数和组件模型参数，参数扫描可以嵌套）。

Start Value：扫描初始值。

Stop Value：扫描终止值。

Step Value：扫描步长。

Sweep Type：扫描形式设置，通常不选择"Relative Value"选项。

10.3.6 直流分析

直流分析（DC Sweep Analysis）是对电源的电压/电流进行扫描，它进行一系列的静态工作点分析。输出为电源的电压/电流变化的各个结点的电压和组件电流，且该分析可嵌套。设置窗口如图 10-8 所示。

DC Sweep Primary 区域

（该区域所含与前面相同的项这里不再说明）。

Source Name 下拉框：电源名称。

Secondary 区域：设置第二个扫描电源。

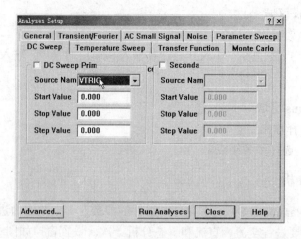

图 10-8　直流分析

10.3.7　扫描温度分析

扫描温度分析（Temperature Sweep）是和交流小信号分析、直流分析及瞬态特性分析中的一种或几种相连的。该设置规定在什么温度下进行模拟。如果设计者给了几个温度，则对每个温度都要做一遍所有的分析，且以曲线的方式显示不同温度下电路的工作情况。当用户选中该页中的复选框，并进行适当设置后，即可进行扫描温度分析。设置窗口如图 10-9 所示。

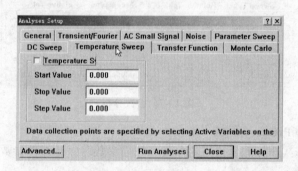

图 10-9　扫描温度分析

10.3.8　传递函数分析

传递函数分析（Transfer Function）计算直流输入、输出阻抗，以及直流增益。选中该页并且进行适当设置后，即可进行扫描温度分析，如图 10-10 所示。

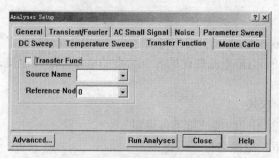

图 10-10　传递函数分析

10.3.9 蒙特卡罗分析

蒙特卡罗分析（Monte Carlo Analysis）是一种统计模拟方法，在给定电路组件参数容差的统计分布规律的条件下，用随机数字求得组件参数的随机抽样序列。对这些随机抽样的电路进行直流、交流小信号和瞬态分析，经过多次分析的结果估算电路性能的统计分布规律，以及电路成品率、成本等。设置窗口如图 10-11 所示。

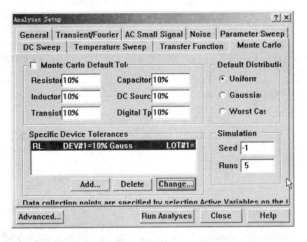

图 10-11　蒙特卡罗分析

1. Monte Carlo Default Tolerances 区域
该区域显示电阻、电容、电感、直流电源、晶体管和数字传播延迟的误差范围。

2. Default Distribution 区域
该区域有三种选择，即 Uniform：均匀分布；Gaussian：高斯分布；Worst Case：最大误差。

3. Specific Device Tolerances 区域
该区域用于指定某些组件的误差，只要单击"Add…"按钮，在出现的窗口中选择组件、指定独立误差或跟踪误差的一种，再选中误差分布，然后单击"OK"按钮返回。

4. Simulation 区域
Seed：向随机数发生器输入一个基本数，使每次蒙特卡罗分析的随机数发生都不一样。
Runs：进行蒙特卡罗分析的次数。

10.4　原理图仿真

图 10-12 所示原理图为一个已经设计好的、供仿真用的 555 单稳多谐振荡器电路原理图。图中所有组件均从仿真组件库中调入，所需的仿真激励信号源也已经布好。下面将对该电路进行瞬态特性仿真分析。

对该原理图进行仿真的基本步骤如下。

① 执行仿真器设置命令"Simulate→Setup"。

② 设置"General"标签页，如图 10-13 所示，图中"Active Signals"对话框所列出的网络名称即为仿真的观测点。它们（C2[P]，OUT，THOLD，TRIG）是从"Available Signals"

对话框中可用测试点选择出来的。

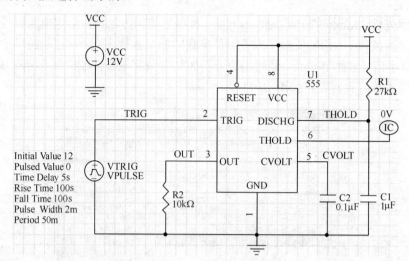

图 10-12　555 单稳多谐振荡器电路

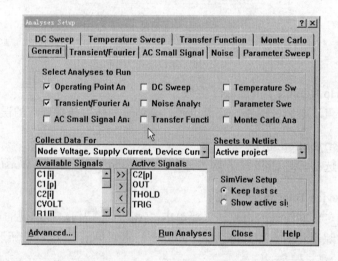

图 10-13　General 标签页

③ 设置瞬态特性/傅里叶分析，如图 10-14 所示。

④ 执行仿真菜单命令"Simulate→Run"或单击"Run Analyses"按钮，便可得到如图 10-15 所示的仿真结果。

如果第三步选默认设置，则得到如图 10-16 所示波形。

总之，在仿真时应注意以下 8 点。

① 某些元件中所有默认值的"Part Type"字段尽量用星号"*"。

② 在分析单稳态、多谐振荡器时，要加初始条件元件，但是在分析设置时，不一定选择初始条件。

③ 在瞬态分析时，有时不运行直流工作点分析，可以避免某些错误的发生。

④ 显示时间分度应该大一些。

⑤ 输入元件参数或设置分析时，注意量的单位。

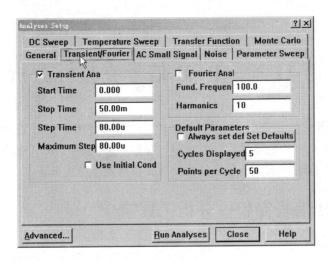

图 10-14　设置瞬态特性/傅里叶分析

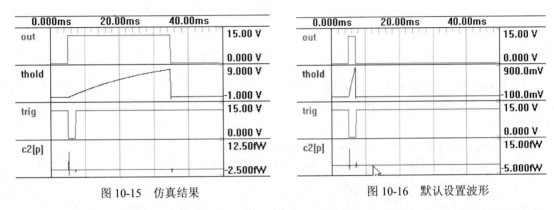

图 10-15　仿真结果　　　　　　　　　图 10-16　默认设置波形

⑥ 当遇到分析错误时，可在分析中使用初始条件或加入初始条件；但是在分析设置时，不选择初始条件。

⑦ 无论何种电源都应该注意 AC Magnitude 参数值，该值不能为 0。

⑧ 在频率特性分析时，不能直接分析电源的相位，需要使用串联一个小电阻，测量电阻一端对地电位的方法测量。或者使用瞬态分析方法测量，这时横轴就是时间，而时间差就是相位差，先确定每单位时间代表的角度，然后使用光标测量时间，再将时间转换成角度。

习　题　十

10-1　设计一个由三端稳压集成电路 7805 构成的稳压仿真电路原理图并进行仿真。

10-2　设计由 555 构成的单稳多谐振荡器仿真电路原理图（参见图 10-12）并进行仿真。

第 11 章　PCB 信号完整性分析

如今的 PCB 设计日趋复杂，高频时钟和快速开关逻辑意味着 PCB 设计已不止是放置元件和布通连线。网络阻抗、传输延迟、信号质量、反射、串扰和 EMC（电磁兼容）是每个设计者必须考虑的因素，而进行加工前的信号完整性分析越发显得重要。

11.1　PCB 信号完整性分析工具简介

Protel 99 SE 包含一个高级信号完整性仿真器，能够分析 PCB 设计和检查设计参数，测试过冲、下冲、阻抗和信号斜率。

Protel 99 SE 的信号完整性分析与 PCB 设计过程为无缝连接。该模块提供极其精确的板级分析，能够检查整板的串扰、过冲/下冲、上升时间/下降时间和阻抗等问题。在 PCB 制造前，用最小的代价来解决高速电路设计带来的 EMC/EMI（电磁兼容性/电磁抗干扰）等问题。

1．Protel Advanced Integrity 99 设计特性

（1）设置简便——就像在 PCB 编辑器中定义设计规则一样定义设计参数（阻抗、上冲、下冲、斜率等）。

（2）通过运行 DRC，快速定位不符合设计需求的网络。

（3）无须特殊经验要求，从 PCB 中直接进行信号完整性分析。

（4）提供快速的反射和串扰分析。

（5）利用 I/O 缓冲器宏模型，无须了解 SPICE 语言和模拟仿真知识。

（6）完整性分析结果采用示波器形式显示。

（7）成熟的传输线特性计算和并发式仿真算法。

（8）用电阻和电容的参数值对不同的终止策略进行假设分析，并可对逻辑系列快速替换。

2．Protel Advanced Integrity 99 中的软件 I/O 缓冲器模型具有的特性

（1）宏模型逼近使仿真更快更精确。

（2）提供 IC 模型连接。

（3）支持 I/O 缓冲器模型的 IBIS2 工业标准子集。

（4）利用完整性宏模型编辑器可容易、快速地自定义模型。

（5）引用数据手册或测量值。

11.2　设置信号完整性分析规则

执行菜单命令"Design→Rules…"，在弹出的设计规则设置对话框中，单击 Signal Integrity 标签，切换到信号完整性分析规则设置对话框，如图 11-1 所示。在此对话框中含有 14 个约束设置项，各约束项的约束范围基本上只有三种："Whole Board"、"Net"和"Net Class"。

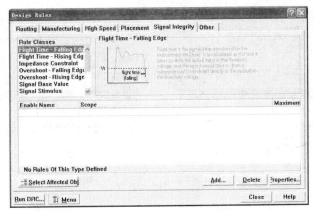

图 11-1　信号完整性分析规则设置对话框

1．Flight Time-Falling Edge 设置项

飞行时间是相互连接结构输入信号的延迟时间。它是实际的输入电压到门槛电压之间的时间，当小于这段时间时，将驱动一个与电路输出直接相连的基准负载。其中"Flight Time-Falling Edge"是指飞行时间的下降边沿。单击"Add"按钮，添加此规则的定义。

本设置项中有两栏。其默认设置如图 11-2 所示。

Rule scope：指定本约束的适用范围。

Rule Attributes：用于设置下降沿的最大允许时间，单位是秒，可以通过在输入值后添加特殊字符来表示比例因子。

使用本规则需要注意的两个问题。

① 同一对象不同设计规则争用的解决方法，以所设置的最短飞行时间为准。

② 规则的适用范围是进行信号完整性分析的过程中。

2．Flight Time-Rising Edge 设置项

"Flight Time-Rising Edge"是指飞行时间的上升边沿。本设置项用于设定信号上升沿的最大允许时间。

本设置项中有两栏。其默认设置如图 11-3 所示。

Rule scope：指定本约束的适用范围。

Rule Attributes：用于设置上升沿的最大允许飞行时间，单位是秒。

使用本规则需要注意的两个问题。

① 同一对象不同设计规则争用的解决方法，以所设置的最短飞行时间为准。

② 规则的适用范围是进行信号完整性分析的过程中。

3．Impedance Constraint 设置项

本设置项用于设置导体允许的最大和最小电阻值。导线的阻抗和导体的几何形状、电导率、导体周围的绝缘材料（如电路板的基本材料、多层间的绝缘层、阻焊层等）以及电路板的几何物理有关分布。

本设置项中有两栏。其默认设置如图 11-4 所示。

Rule scope：指定本约束的适用范围。

Rule Attributes：用于设置最小阻抗值和最大阻抗值，单位是欧姆。

使用本规则需要注意的两个问题。

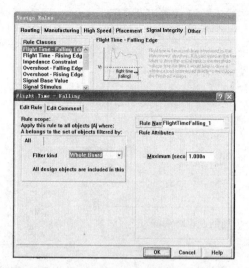
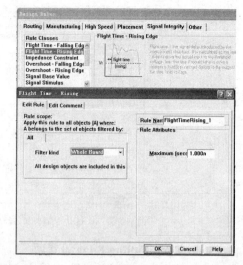

图 11-2　"Flight Time-Falling Edge"设置　　　图 11-3　　"Flight Time-Rising Edge"设置

① 同一对象不同设计规则争用的解决方法，以所设置的最小阻抗允许范围为准。

② 规则的适用范围是进行信号完整性分析的过程中。

4. Overshoot-Falling Edge 设置项

"Overshoot-Falling Edge"（信号下降沿过冲）是指在信号下降沿上低于信号基值的阻尼振荡。本设置项用于设置信号下降沿允许的最大过冲值。

本设置项中有两栏。其默认设置如图 11-5 所示。

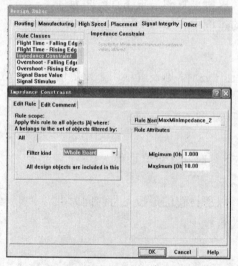

图 11-4　"Impedance Constraint"设置　　　图 11-5　　"Overshoot-Falling Edge"设置

Rule scope：指定本约束的适用范围。

Rule Attributes：用于设置信号下降沿允许的最大过冲值，单位是伏特。

使用本规则需要注意的两个问题。

① 同一对象不同设计规则争用的解决方法，以所设置的最小的允许过冲值为准。

② 规则的适用范围是进行信号完整性分析的过程中。

5．Overshoot-Rising Edge 设置项

"Overshoot-Rising Edge"（信号上升沿过冲）是指在信号的上升沿上高于信号上位值的阻尼振荡。本设置项用于设置信号上升沿允许的最大过冲值。

本设置项中有两栏。其默认设置如图 11-6 所示。

Rule scope：指定本约束的适用范围。

Rule Attributes：用于设置信号上升沿允许的最大过冲值，单位是伏特。

使用本规则需要注意的两个问题。

① 同一对象不同设计规则争用的解决方法，以所设置的最小的允许过冲值为准。

② 规则的适用范围是进行信号完整性分析的过程中。

6．Signal Basic Value 设置项

"Signal Basic Value"是信号在低电平状态下的稳定电压值。本项用于设置允许的最大基值电压。

本设置项中有两栏。其默认设置如图 11-7 所示。

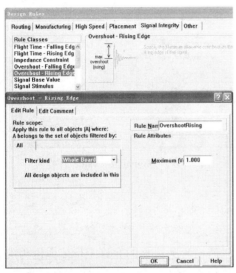
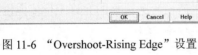

图 11-6 "Overshoot-Rising Edge" 设置　　图 11-7 "Signal Basic Value" 设置

Rule scope：指定本约束的适用范围。

Rule Attributes：用于设置允许的最大基值电压，单位是伏特。

使用本规则需要注意的两个问题。

① 同一对象不同设计规则争用的解决方法，以所设置的最低的允许基值电压为准。

② 规则的适用范围是进行信号完整性分析的过程中。

7．Signal Stimulus 设置项

"Signal Stimulus"（激励信号）用于激励信号的属性参数。

本设置项中有两栏。其默认设置如图 11-8 所示。

Rule scope：指定本约束的适用范围。

Rule Attributes：用于设置激励信号的参数。在"Stimulus Kind"下拉列表栏中选择激励信号的类型"Constant level"（恒定电平），"Signal Pulse"（单脉冲信号）或"Periodic Pulse"（周

期脉冲信号）；在"Start Level"下拉列表栏中选择初始电平"Low Level"（低电平）或"High Level"（高电平）；在"Start Time"选项中设置激励信号的起始时间；在"Stop Time"选项中设置激励信号的停止时间；在"Period Time"选项中设置激励信号的周期。三个时间设置项的单位都是秒。

本规则的适用范围是进行信号完整性分析的过程中。

8. Signal Top Value 设置项

"Signal Top Value"（信号上位值）是信号在高电平状态下的稳定电压值。本项用于设置信号上位值的最小允许电压值。

本设置项中有两栏。其默认设置如图 11-9 所示。

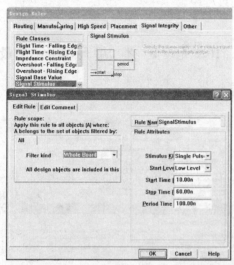 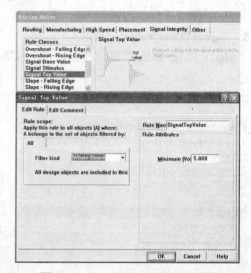

图 11-8　"Signal Stimulus"设置　　　　图 11-9　"Signal Top Value"设置

Rule scope：指定本约束的适用范围。

Rule Attributes：用于设置允许的最小上位值电压，单位是伏特。

使用本规则需要注意的两个问题。

① 同一对象不同设计规则争用的解决方法，以所设置的最高的允许上位值电压为准。

② 规则的适用范围是进行信号完整性分析的过程中。

9. Slope-Falling Edge 设置项

"Slope-Falling Edge"（下降沿斜率）是指信号从门槛电压下降到一个有效低电平所经历的时间。本项用于设置允许的最大下降沿斜率时间。

本设置项中有两栏。其默认设置如图 11-10 所示。

Rule scope：指定本约束的适用范围。

Rule Attributes：用于设置允许的最大下降沿斜率时间，单位是秒。

使用本规则需要注意的两个问题。

① 同一对象不同设计规则争用的解决方法，以所设置的最短的下降沿斜率时间为准。

② 规则的适用范围是进行信号完整性分析的过程中。

10. Slope-Rising Edge 设置项

"Slope-Rising Edge"（上升沿斜率）是指信号从门槛电压 VT 上升到一个有效高电平所经

历的时间。本项用于设置允许的最大上升沿斜率时间。

本设置项中有两栏。其默认设置如图 11-11 所示。

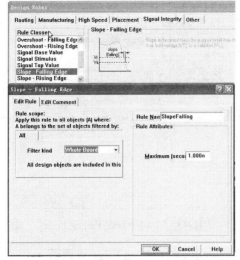

图 11-10 "Slope-Falling Edge"设置　　　　图 11-11 "Slope-Rising Edge" 设置

Rule scope：指定本约束的适用范围。

Rule Attributes：用于设置允许的最大上升沿斜率时间，单位是秒。

使用本规则需要注意的两个问题。

① 同一对象不同设计规则争用的解决方法，以所设置的最短的上升沿斜率时间为准。

② 规则的适用范围是进行信号完整性分析的过程中。

11．Supply Nets 设置项

"Supply Nets"（供电网络标号）用于设置电路板上供电网络的电压值。设置时注意将电路板上的"GND"网络的电压设置为"0"。

本设置项中有两栏。其默认设置如图 11-12 所示。

Rule scope：指定本约束的适用范围。

Rule Attributes：用于设置约束适用范围中指定网络的电压值，单位为伏特。

使用本规则需要注意的两个问题。

① 同一对象不同设计规则争用的解决方法，以所设置的第一个规则为准。

② 规则的适用范围是进行信号完整性分析的过程中。

12．Undershoot-Falling Edge 设置项

"Undershoot-Falling Edge"（信号下降沿下冲）是指在信号的下降沿上高于信号基值的阻尼振荡。

本设置项中有两栏。其默认设置如图 11-13 所示。

Rule scope：指定本约束的适用范围。

Rule Attributes：用于设置信号下降沿允许的最大下冲值，单位为伏特。

使用本规则需要注意的两个问题。

① 同一对象不同设计规则争用的解决方法，以所设置的最小的允许下冲值为准。

② 规则的适用范围是进行信号完整性分析的过程中。

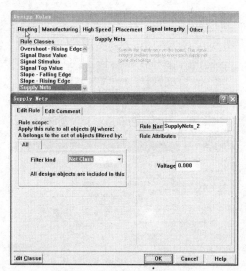

图 11-12 "Supply Nets" 设置

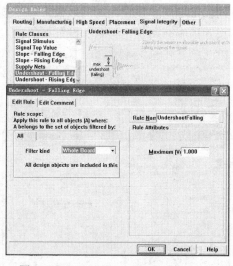

图 11-13 "Undershoot-Falling Edge" 设置

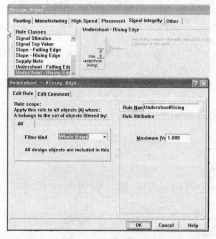

图 11-14 "Undershoot-Rising Edge" 设置

13. Undershoot-Rising Edge 设置项

"Undershoot-Rising Edge"（信号上升沿下冲）是指在信号的上升沿上低于信号上位值的阻尼振荡。本设置项用于设置信号上升沿允许的最大下冲值。设置项中有两栏。其默认设置如图 11-14 所示。

Rule scope：指定本约束的适用范围。

Rule Attributes：用于设置信号上升沿允许的最大下冲值，单位为伏特。

使用本规则需要注意的两个问题。

① 同一对象不同设计规则争用的解决方法，以所设置的最小的允许下冲值为准。

② 规则的适用范围是进行信号完整性分析的过程中。

11.3 设计规则检查

电路板布线完毕后，如果要对电路板进行信号完整性分析检查，则先要设置信号完整性分析的设计规则，然后进行设计规则的检查。

（1）设置信号完整性分析的设计规则。

（2）在设计规则检查之前，为了保证信号完整性分析的精确度，需要设置电路板上元件的类型。执行菜单命令"Tools→Preferences..."，在弹出的对话框中单击 Signal Integrity 标签，切换到如图 11-15 所示的设置对话框。在这个对话框中，可以指定电路板上元件编号的前缀字母（后缀数字一般是为了同类元件之间的相互区分）代表的元件具体类型，如"R"代表"Resistor"（电阻）等。

元件编号前缀字母与元件类型之间对应关系指定的方法如下。

① 添加对应关系：单击对话框中的"Add"按钮，弹出对话框。在"Designator Prefix"项中

输入元件编号的前缀，如 R、C 等。在"Component Type"下拉列表栏中准确选择对应的元件类型，可供选择的元件类型包含"BJT"（双极型晶体管）、"Capacitor"（电容）、"Connector"（插接件）、"Diode"（二极管）、"IC"（集成电路）、"Inductor"（电感）和"Resistor"（电阻）7 种。

② 删除对应关系：在对话框的"Designator Mapping"列表栏中，选择要删除的某个对应关系，然后单击"Remove"按钮予以删除。

③ 编辑对应关系：在对话框中的"Designator Mapping"列表栏中，选择需要编辑的某个对应关系，然后单击"Edit"按钮进行编辑。

如果某类元件没有指定具体的元件类型，那么程序将默认指定该类元件为集成电路元件。

（3）设置完毕对应关系后，执行菜单命令"Tools→Design Rule Check..."，在弹出的对话框中单击"Signal Integrity"按钮，进入"Design Rules"对话框，如图 11-16 所示。可选择需要进行检查的信号完整性分析设置项，对电路板的设计规则进行检查。

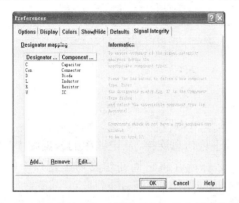
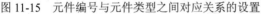
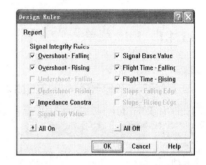

图 11-15　元件编号与元件类型之间对应关系的设置　　　图 11-16　信号完整性分析检查项设置

注意：对于"Design Rules"对话框中列出的某个约束设置项，如果在设计规则设置对话框中没有对它进行设置的话，将不能对此设置项进行选择。

（4）在设计规则检查设置对话框中，分别在"Routing Rules"栏、"Manufacturing Rules"栏和"High Speed Rules"栏下对已设置的各约束设置项进行选择设定。

（5）完成选择设定后，单击"OK"按钮，进行 DRC 检查。如果某项约束规则存在违例的情况，那么在 DRC 检查报告文件（后缀为".drc"）中将列出有关违例的详细内容。

对于电路板上存在的信号完整性分析约束规则的违例情况，可以进行信号的反射或串扰仿真分析，观察信号的仿真工作波形，并且进行分析，从而解决违例或规则设置不合理的情况。

11.4　信号完整性分析仿真器

Protel 99 SE 中含有一个高级信号完整性仿真器，可精确地模拟分析布完线的 PCB。使测试网络阻抗、下冲、上冲、过冲、信号斜率和信号水平的设置与 PCB 设计规则一样容易实现。

信号完整性仿真器使用导线的典型阻抗、传输线的计算结果以及 I/O 缓冲器模型作为仿真的输入。它是基于一个快速反射和串扰的仿真器，是经工业标准证明能够产生精确结果的仿真器。

在 PCB 编辑器中执行菜单命令"Tools→Signal Integrity...",弹出如图 11-17 所示的信号完整性仿真器的工作窗口。

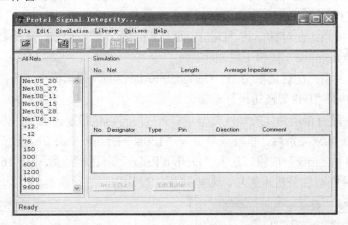

图 11-17　信号完整性仿真器的工作窗口

11.4.1　File 菜单

1．Open...命令

用于打开一个已经存在的 SULTAN 文件（后缀为".slt"）。

在打开文件的同时将与当前正在设计的电路板进行信息连接,从电路板的数据库中提取出所有的网络名称,并将它们在仿真器主窗口中的"All Nets"列表栏中列出。

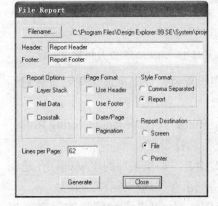

图 11-18　文件输出设置对话框

2．Reports...命令

用于导出某个网络或多个网络有关信号完整性分析的信息,因为是针对具体指定网络的,所以在执行本命令前,必须先在 All Nets 栏中选择一个或多个网络名称,然后执行菜单命令"Edit→Take Over",进行选中网络的关联,这样才可以将关联的网络信息导出。

执行本命令后,弹出"File Report"对话框。如图 11-18 所示。

（1）Filename...按钮：按下此按钮后,在弹出的对话框中指定输出的路径以及文件名,而文件名的后缀将依据所选择的报告类型,由程序自动添加。

（2）Header 选项：本项用于输入报告文件中页眉说明文字。

（3）Footer 选项：本项用于输入报告文件中页脚上的说明文字。

（4）Report Options 栏：本栏用于选择报告的类型,共有三个选项。

① Layer Stack：选中此项,将生成一个后缀为".lay"的报告文件,其中列有每一层的几何形状和电气特性。

② Net Data：选中此项,将生成一个后缀为".net"的报告文件,其中列有有关已经关联网络的信息,如布线长度、阻抗以及相关元件的信息。

③ Crosstalk：选中此项,将生成一个后缀为".xtk"的报告文件,其中列有板上相互干扰的网络信息。

（5）Page Format 栏：本栏用于设置页的格式，共 4 个选项。

① Use Header：选中此项将使用页眉。

② Use Footer：选中此项将使用页脚。

③ Data/Page：选中此项，在报告中将加入报告生成的日期、时间以及页码。

④ Pagination：选中此项，表示报告文件将进行分页排版。

（6）Style Format 栏：本栏用于设置文件内容的格式，共有两个选项。

① Comma Separated：选中此项，表示文件中的各项内容以逗号分开。

② Report：选中此项，表示文件中的各项内容采用标准的报告形式（采用空格分开并补足对齐）。由于这种形式更便于阅读，所以一般选取此形式输出。

（7）Report Destination 栏：本栏用于设置报告输出文件的形式，共有三个选项。

① Screen：选中本项，表示直接在屏幕上输出一个已用记事本打开的文件名，但是并没有保存在磁盘上。

② File：选中本项，表示将生成的文件保存到磁盘上。

③ Printer：选中本项，表示将生成的文件直接打印输出。

（8）Lines per Page 项：本项用于设置报告中每页的行数。输出报告文件的参数设置完毕后，单击 Generate 按钮，就可以生成对应的报告文件。

11.4.2 Edit 菜单

1．Take Over 命令

执行本命令后，仿真器将与当前正在设计的电路板相连，从该电路板的数据库中提取与"All Nets"栏下拉列表中选中网络相关的布局数据，并显示在"Simulation"栏中。

为了能够访问电路板的数据库，该电路板必须处于激活的打开状态，并从电路板的数据库中提取出所有的网络名称，然后在"All Nets"栏下拉列表中选中所需的网络名称，最后才可选中网络的关联。关联后的网络才可进行信号完整性仿真。

2．Find Coupled Nets…命令

本命令用于查找 All Nets 栏下与选中的网络相关联的网络。

3．Layer Stack…命令

本命令用于层体属性的自定义。在进行完整性仿真之前，为了获得导线传输线参数的正确计算结果，必须对层体进行定义。执行本命令后，弹出"Edit Layer Stack"对话框。

在对话框的"Layers"列表栏中，电路板的顶层放在最上面，底层放在最下面，其余的层面将以在 PCB 编辑器中定义的顺序列出。使用"Move Up"按钮或"Move Down"按钮，可以依照实际的层体顺序来调整列表栏中的层体顺序。

顶层和底层的位置是可以调整的，因此，如果电路板上存在三个层或少于三个层的话，那么将不能对层体的排列顺序进行调整。

（1）Dielectric 栏：本栏用于设置电介质参数，共有三种选项。

① Type：用于选择电路板基体的类型"Core"或"Prepreg"。

② Height：用于设置基体的厚度。

③ EpsR：用于设置基体的电介质常数。

（2）Copper 栏：在本栏的"Height"选项中可以设置铜膜的厚度。

4．Components…命令

本命令用于设置元件编号的前缀字母与具体的元件类型之间的对应关系。执行本命令后，将弹出"Edit Components"对话框。

在对话框左边的列表栏中列出了设定的对应关系。选择要改变的对应关系，在"Category"下拉列表中选择新对应的元件类型即可。全部网络设置完毕后单击"OK"按钮即可完成。

5．Nets…命令

本命令用于设置供电电源网络/地网络的电压值。执行本命令后，弹出"Edit Nets"对话框。在对话框左边的列表栏"Name"项中选中欲设置供电的网络，在对话框右边的"Category"下拉列表栏中选择"Supply"，再在"Value"项中输入电压值，单击"Apply"按钮即可，全部供电网络设置完毕后单击"OK"按钮完成。

在 PCB 编辑器中的信号完整性分析设计规则中，也可以进行供电网络与实际电压值之间对应关系的设置。

11.4.3　Simulation 菜单

1．Termination Advisor 命令

本命令用于定义网络仿真的终止方式。使用本命令时需要注意两点：

（1）本设置仅对反射或串扰分析方法有效，对"Screening"分析方法无效。

（2）只有在仿真器工作窗口里"Simulation"栏中的下拉列表栏中选择某个含有输入或输出电气特性 Direction 的元件，才可以进行本项的设置。

执行本命令后，将弹出"Termination Advisor"对话框。

（1）Serial R 串联电阻方式

点对点的连接中，在驱动器的输出端串联电阻是一种很有效的终止技术。采用这种方式可以降低外来电压的幅值。客观存在可以消除接收器的过冲现象，其 $R1=ZL-R_{out}$，R_{out} 是缓冲器的输出电阻，ZL 是传输线阻抗。

（2）Parallel R to VCC 电源 VCC 端并联电阻方式

在电源 VCC 和接收器输入端之间并联一个电阻，该电阻是与传输线阻抗相匹配的（R1=ZL）。由于传输线反射特性的原因，这是一种比较完美的终止方式。但在终止电阻 R1 上有持续的电流流过，这将增加电源的功率消耗，且会造成低压电平不同程度的升高。

（3）Parallel R to GND 地端并联电阻方式

在地和接收器输入端之间并联一个电阻，此电阻是与传输线阻抗相匹配的（R2=ZL）。与电源 VCC 并联电阻方式相比，本方式也是基于传输线反射特性的，同样的，它会增大电源的功率消耗，造成高压电平的降低。

（4）Parallel R's to VCC and GND 电源端和地端同时并联电阻方式

它适用于 TTL 总线电路。将 R1 和 R2 依照 Rl||R2=ZL 进行取值，这种网络结构在很大程度上可以消除传输线的反射问题；它的缺点是通过电阻分流的直流电流值很大。为了避免违背数据表的定义，应该仔细选取这两个电阻值。在大多数情况下，总是可以找到一个折中方案的。

（5）Parallel C to GND 地端并联电容方式

在接收器输入端与地之间并联电容可以降低信号的噪声。它的缺点是接收器上波形的上升沿和下降沿可能变得过于平坦，且会增加上升沿和下降沿的时间，这些都可能造成信号同步

上的一些问题。

（6）R and C to GND 地端并联电阻和电容方式

在接收器输入端与地之间并联上串联的电阻和电容，这种方式的优点是在终止网络结构中没有直流电流流过。当时间常数（R2×C）大约是延迟时间的 4 倍左右时，传输线基本上可以完全被终止。在本方式中，电阻 R2 与传输线的特征阻抗相等，即 R2=ZL。

（7）Parallel Schottky Diodes 并联肖特基二极管方式

在传输线末端与 VCC 或地之间并联上肖特基二极管，可以减少接收端的过冲和下冲值。在标准逻辑集成电路的大部分输出电路中，都包含肖特基钳位二极管。

2．Set Victim Net 命令

对于串扰仿真，执行本命令将把"Simulation"栏中上方列表栏中选中的一个网络设置为"Victim Net"，并且只能设置一个。也就是说，在串扰仿真时，被设置的那个网络没有激励信号，但其余网络都有激励信号。

设置一个"Victim Net"，便于设计者考察其他网络信号对这个网络信号造成的串扰影响。

3．Set Agressor Net 命令

对于串扰仿真，执行本命令将把"Simulation"栏中上方列表栏中选中的一个网络设置为"Agressor Net"，并且只能设置一个。也就是说，在串扰仿真时，被设置的那个网络有激励信号，但其余网络都没有激励信号。

设置一个"Agressor Net"年便于设计者考察这个网络信号对其他网络信号造成的串扰影响。

在仿真器窗口中的"All Nets"栏下，可用鼠标左键与"Shift"或"Ctrl"键配合使用，选中单个或多个网络名称，并且对于选中的多个网络名称，可以执行菜单命令"Edit→Take Over"，将它们与当前正在设计的电路板进行关联。只有多个网络名称进行关联后，才可以执行菜单"Simulation"下的"Set Victim Net、Set Agressor Net"和"Crosstalk"命令，也才可在"Screening"分析的工作窗口中浏览多个网络的参数属性。

4．Screening 命令

执行本命令后，将弹出"Protel Signal Integrity Screening"对话框，它允许设计者对已关联网络的信号完整性分析有一个概观。

在这个分析窗口中，可以执行菜单"View"下的命令来选择所要了解的参数属性，或者进行列表栏中多个网络之间的排序；也可以执行菜单命令"Fire→SDF out…"，将这些信息输出到后缀为".sdf"的文件中。

5．Reflection 命令

执行本命令后，仿真器将使用在"Simulation"栏的下方列表栏中关于每个网络的缓冲器的选定输出作为驱动，考虑所有设置的有效终止方式，进行详细的信号反射仿真。仿真的结果以图形的形式显示在波形分析器（Wave Analyzer）中。

6．Crosstalk 命令

执行本命令后，仿真器将使用在"Simulation"栏的下方列表栏中关于"Agressor Net"的缓冲器的选定输出作为驱动，考虑所有设置的有效终止方式，进行详细的信号串扰仿真。同样，仿真的结果也以图形的形式显示在波形分析器（Wave Analyzer）中。

11.4.4　Library 菜单

1. Macromodel Editor…命令
本命令将启动元件的宏模型编辑器，设计者可以使用这个编辑器来管理自己的缓冲器模型或者创建新的缓冲器模型。

2. Import IBIS-File…命令
本命令将启动 IBIS（输入/输出缓冲器信息的定义）转换器，它允许设计者从 IBIS 文件中将新的缓冲器模式引入自己的宏模型数据库中。

11.4.5　Options 菜单

1. Net Simplify…命令
执行本命令后将弹出"Options Net Simplify"对话框，对话框中有两个选项。

（1）Ignore Stubs to 项：本项用于定义传输线的最短长度。如果传输线的长度小于该长度，那么在仿真时将被忽略为 0。本项的默认值为 1mm。

（2）Crosstalk 栏：本栏用于设置在串扰分析时，如果成对传输线间的距离大于"Max.Couple Distance"项中的设定值（默认值为 100mm），或者成对传输线的长度小于"Min.Couple Length"项中的设定值（默认值为 0.1mm），那么它们将被忽略。

2. Simulator…命令
执行该命令，将弹出"Options Simulator Options"仿真器参数设置对话框。

（1）Integration 标签。本标签下的设置内容，用于选择仿真器的集成方式。

（2）Accuracy 标签。本标签下的设置内容，主要用于定义仿真时一些参数的精度。

① RELTOL：设置计算电流和电压值的相对误差，默认值为 0.001。

② ABSTOL：设置计算电流值的绝对误差，默认值为 6pA。

③ VNTOL：设置计算电压值的绝对误差，默认值为 1μV。

④ TRTOL：设置影响集成估算错误的系数，默认值为 10。

⑤ NRVABS：设置采用"Newton-Raphson"算法的截断错误边界，默认值为 0.001。

⑥ DTMIN：设置允许的最短步距时间，默认值为 1fs。

⑦ ITL：设置使用"Newton-Raphson"算法时的最大迭代次数，默认值为 100。

⑧ LIMPTS：设置输出文件中每个电压曲线上数值对的最大数目，默认值为 1000。

（3）DC Analysis 标签。

① RAMP_FACT：控制斜坡的长度，默认值为 80。

② DELTA_DC：设置步进的时间长短，默认值为 1ns。

③ ZLINE_DC：设置传输线的阻抗，默认值为 100Ω。

④ ITL_DC：设置迭代的最大次数，默认值为 10000。

⑤ DELTAV_DC：设置两次步进时间之间的电压的绝对误差，默认值为 100μV。

⑥ DELTAI_DC：设置两次步进时间之间的电流的绝对误差，默认值为 1μA。

⑦ DV_ITERAT_DC：设置每次迭代时电压的绝对误差，默认值为 100mV。

（4）各标签下的按钮：按下"Defaults"后，当前标签下的设置项内容归为默认值。

3．Configure...命令

执行本命令后，弹出"Option Configure"对话框，用于设置尺寸单位（公制或英制）。

11.5 缓冲器数据编辑器

在完整性分析仿真器的工作窗口中有两栏。

（1）All Nets 栏：本栏中列出当前正在设计的电路板上的所有网络名称。在该栏中选择单个或多个网络名 称后，执行菜单命令"Edit→Take Over"，即可完成它们与电路板的关联，关联后的网络的具体信息将在"Simulation"栏中列出。

（2）Simulation 栏：本栏中上方的列表栏中，列出已经关联网络的名称、布线长度以及平均阻抗。本栏下方的列表（缓冲器列表）中，列出与上方列表栏中选中网络相关的元件编号、类型、元件引脚，以及引脚上信号的电气方向（Direction）：输入（input）、输出（Output）、双向（Bidirectional）或者三态（Tristate）。

在下方列表栏中选择具有双向（Bi）或三态（Tri）"Direction"内容的元件，然后单击"In<->Out"按钮，可以更改元件引脚的电气方向（输入或输出）。另外，在下方列表栏中选择某个元件引脚（缓冲器），单击"Edit Buffer..."按钮，将弹出缓冲器数据编辑器窗口，在这里可以设置该缓冲器模型等。

1．各种不同类型的缓冲器

集成电路（IC）：可以编辑它的模型（Model）数据和激励信号（Stimulus）数据。

接插件（Connector）：可以编辑它的模型数据、线缆（Cable）数据、终止方式（Termination）数据和激励信号数据。

二极管（Diode）：可以编辑二极管数据。

晶体管（Transistor）：可以编辑晶体管数据。

电阻（Resistor）：可以编辑电阻数据。

电感（Inductor）：可以编辑电感数据。

电容（Capacitor）：可以编辑电容数据。

2．缓冲器模型数据设置 Model 标签

缓冲器模型数据设置允许设计者采用不同的宏模型来逼近该缓冲器。

（1）Component 栏：本栏显示元件的参数以及编号，在 Part Technology 下拉列表栏中可以选择该元件的制造工艺。

（2）Pin 栏：显示该缓冲器对应元件引脚的信息。在 Technology 下拉列表栏中可以选择该缓冲器的另一种工艺，在 Direction 下拉列表栏中可以为此缓冲器指定该引脚的电气方向："In"（输入）、"Out"（输出）、"Bi"（双向）、"Tri"（三态）。

如果引脚的电气方向是"In"、"Tri"或"Bi"时，则可在"Input Model"下拉列表中选择输入模型。

如果引脚的电气方向是"Out"、"Tri"或"Bi"时，则可在"Output Model"下拉列表中选择输出模型。

3．缓冲器激励数据设置 Stimulus 标签

缓冲器激励数据设置允许设计者编辑可以作为输出的缓冲器的激励信号参数。

Stimulus Type 项：本项用于选择激励信号的类型，其中"Constant Level"一般仅用于串扰仿真。

Start Level 项：本项用于设置起始电平是高还是低，默认值为低电平。

Start Time 项：本项用于设置第 1 个脉冲的起始时间，默认值为 10ns。

Stop Time 项：本项用于设置第 1 个脉冲的停止时间，默认值为 60ns。

Simulation Time 栏：在本栏下可以设置进行完整性仿真的总时间（"Total Time"项，默认值为 100ns）以及仿真的时间步距（"Time Step"项，默认值为 100ps）。通过延长仿真时间或缩短时间步距，可以提高仿真的准确度。

Save…按钮：将设置完毕的缓冲器激励信号数据以文件（后缀为".stm"）的形式保存下来。

Load…按钮：载入先前所设置的缓冲器激励信号数据文件，从而恢复各项设置。

4．缓冲器线缆数据设置 Cable 标签

缓冲器线缆数据设置允许设计者设置与接插件相连线缆的典型参数。

Type 项：本项用于设置线缆的类型。

Z0 项：设置线缆阻抗，默认值为 50Ω。

td 项：设置该线缆上的典型信号延迟时间，默认值为 1ns/m。

Length 项：设置线缆长度，默认值为 0.1m。

5．缓冲器终止数据设置 Termination 标签

缓冲器终止数据设置允许设计者采用不同的宏模型来逼近该接插件。

Termination 项：本项用于选择终止类型。

Model 项：本项用于设置终止使用的模型。

6．缓冲器二极管数据设置

缓冲器二极管数据设置用于对单个二极管或二极管阵列，设置二极管引脚的属性和宏模型。

Component 栏：本栏显示元件的编号及参数。

Anode 项：设置当前二极管的阳极引脚。

Cathode 项：设置当前二极管的阴极引脚。

Model 项：选择此二极管使用的宏模型。

Add 按钮：将上面三项的设置内容添加到本窗口的列表栏中。

Remove 按钮：删除本窗口列表栏中选中的设置内容。

7．缓冲器晶体管数据设置

缓冲器晶体管数据设置用于对单个晶体管或晶体管阵列，设置晶体管引脚的属性和宏模型。

Component 栏：在本栏中显示元件的编号及参数。

Base 项：设置当前晶体管的基极引脚。

Collector 项：设置当前晶体管的集电极引脚。

Emitter 项：设置当前晶体管的发射极引脚。

Model 项：选择此晶体管使用的宏模型。

Apply 按钮：将上面 4 项的设置内容添加到本窗口的列表栏中。

Remove 按钮：在本窗口的列表栏中删除选中的设置内容。

8. 缓冲器电阻（电感或电容）数据设置

缓冲器电阻（电感或电容）数据设置用于对单个元件（电阻、电感或电容）或元件阵列，设置引脚和元件参数值。

Component 栏：本栏显示元件的编号及参数。

Pin1 项：设置当前电阻（电感或电容）引脚 1 的编号。

Pin2 项：设置当前电阻（电感或电容）引脚 2 的编号。

Value 项：设置上面定义的引脚 1、2 之间连接的数值，即元件参数。

Add 按钮：将上面 3 项的设置内容添加到本窗口的列表栏中。

Remove 按钮：删除本窗口列表栏中选中的设置内容。

如果在电路板中已经对电阻、电容或电感的参数进行设置，那么在进行网络关联之后，这些元件仍将保留着已经定义的参数值。如果在电路板中没有做过定义，那么在这里将使用默认值。在这里，设计者也可以修改这些元件的参数，但是再次进行关联（执行菜单命令"Edit | Take Over"）之后，这些元件的参数将恢复为原先的设定值。

11.6   波形分析器

使用波形分析器可以方便地显示反射仿真和串扰仿真的结果，可以直接对波形进行测量计算。网络关联完毕后，执行菜单命令 "Simulation→Reflection 或 Crosstalk"，就可启动波形分析器。

在波形分析器工作窗口的右下方，显示示图区中鼠标的位置。在波形分析器示图区的右边，列出正在进行波形分析的网络名称及属于该网络的元件引脚名称。在这里，使用鼠标左键单击某个元件引脚名称或其下方的小短线（对不同的引脚以不同的颜色显示，以示区分），就可选中该引脚上的信号波形，在图中将以高亮状态显示；再次单击，将取消信号波形的选中。只有选中某个引脚上的信号波形后，才可以对它进行分析计算。

在这个工作窗口中，大多数菜单命令都比较简单。下面只介绍有关信号波形分析计算方面的命令：Analyze 菜单命令。

① Cartes 命令：执行本命令后，在笛卡儿视图中以曲线来显示数据。

② FFT 命令：执行本命令后，将对选中的信号波形进行快速傅里叶变换。

③ Rise Time 命令：计算从信号上位值的 10% 上升到 90% 所花费的时间。

④ Fall Time 命令：计算从信号上位值的 90% 下降到 10% 所花费的时间。

⑤ Minimum 命令：计算信号最低电平与信号基值电平间的差值。

⑥ Maximum 命令：计算信号最高电平与信号上位值电平间的差值。

⑦ Base Line 命令：计算信号的基值电平。

⑧ Top Line 命令：计算信号的上位值电平。

习 题 十 一

11-1   习题十中的 10-2 题由 555 构成的单稳多谐振荡器的 PCB 或其他布完线的 PCB 进行信号完整性分析。

第 12 章　电路板参数设置

电路板参数设置是 PCB 设计的一个重要步骤，对 PCB 设计后面的操作有着重要的影响，对此必须有一个清楚的了解。本章将先介绍电路板工作层参数的设置以及各工作层的作用及其说明，其次介绍如何设置 PCB 设计器中对象的起始参数，最后介绍 PCB 设计器中其他有关编辑环境的参数设置。

12.1　设置工作层

本节主要介绍电路板的结构和分类以及如何设置工作层的有关参数。

12.1.1　电路板的结构和分类

电路板制作的材料主要是绝缘材料、焊锡以及金属铜等。绝缘材料一般是二氧化硅环氧树脂；金属铜则用于电路板上的走线，一般还会在走线表面再附上一层薄的绝缘层；而焊锡则附于过孔以及焊盘上的表面。电路板结构如图 12-1 所示。

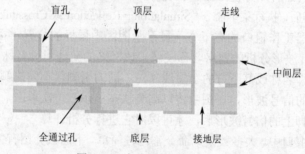

图 12-1　电路板结构

该图是一个 4 层板。一般来说，根据层数的多少可以将电路板分为三种：单面板、双面板和多层板。

1．单面板

一张电路板实际上已经具备了两个面，所谓的单面板是指所有布线等都在一面上进行，另一面上则没有。单面板成本低，但设计并不容易，对于稍微复杂一些的电路几乎不可能设计成单面板，而大多数情况是设计成双面板或多层板。

2．双面板

双面板利用了电路板本身的两个面。一个面叫做顶层（Top Layer），另一个面就叫做底层（Bottom Layer）。一般将顶层作为放置元件的面，将底层作为焊锡层面（即焊接元件管脚的面）。当然也可以在两个面上都放置元件，两个面都作为焊锡层面，都可以进行布线，其缺点是电路板制作成本较高。

3．多层板

图 12-1 所示的就是一个多层板，具有 4 层。除了电路板本身的两个面之外，多层板在电路板的中间还设置了中间层（实际上是布线层）、电源层及接地层等。理论上说，多层板的布线工作要比单面板、双面板的布线工作容易；实际上，由于多层板涉及多个层，要求用户具有出色的三维空间思维能力。因此，一般进行手工的布线是很难的，特别是当中间层数较多时。其缺点是制作成本很高。

在利用 Protel 99 SE 进行电路设计时，采用什么电路板结构，一般根据实际电路的复杂程度进行取舍。对于简单电路，可以采用单面板，这样可以降低成本。对于稍微复杂的电路，可以采用双面板。更复杂一些可以采用三层或者四层板，但是不宜采用超过四层以上的多层板来设计电路。

12.1.2 工作层的类型

用户在放置对象前要做的一件事是设计电路板的类型，实际上就是设置电路板的工作层。Protel 99 SE 提供了众多的工作层，用户需要对各工作层的意义有清楚的了解。例如顶层（Top Layer）一般是元件放置面，底层（Bottom Layer）一般是焊接面。Protel 99 SE 将众多的工作层进行了分类，大概可以分为如下 8 种类型：Signal Layer（信号层），Internal Plane（内部电源/接地层），Mechanical Layer（机械层），Drill Layer（钻孔层），Solder Mark（阻焊层），Paste Mark（防锡膏层），Silkscreen（丝印层），Others（其他层）。

1．Signal Layer（信号层）

信号层中的顶层和底层主要用于放置元件和信号的走线，中间层主要用于放置信号的走线。信号层是正性的，即放置在这些层的走线或者其他对象，意味着覆铜的区域。信号层的设置如图 12-2 所示。

图 12-2　信号层的设置

2．Internal Plane（内部电源/接地层）

内部的电源/接地层专门用于布置电源线和地线。内部电源/接地层是负性的，即放置在这些层的走线或者其他对象，意味着是无铜的区域。内部电源/接地层可以赋予一个网络名称。PCB 设计器会自动将属于这个网络名称的焊盘连接到相应的电源或者接地层。Protel 99 SE 还允许将内部电源/接地层切分为子层，即每一层可以允许有两个或者两个以上的电源面，如+5V 和+12V 等。如果实在不好布置电源走线和接地线，就可以设置电源/接地层。

3．Mechanical Layer（机械层）

机械层一般用于放置有关制作及装配的示意信息，如尺寸标记、修整标记、数据资料、孔洞信息、装配说明以及其他有关电路板的资料等。在打印或者绘制其他层时可以将机械层加上，这是机械层的一个重要特征。由此带来的好处是可以在机械层上添加一些基准信息，然后在打印或者绘制顶层或者底层时同时将机械层上的基准信息也打印或者绘制出来。机械层的设置如图 12-3 所示。

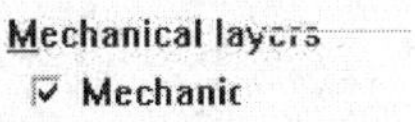

图 12-3　机械层的设置

4．Drill Layer（钻孔层）

Protel 99 SE 提供了两个钻孔位置层，分别是 Drill Guide（钻孔说明）和 Drill Drawing（钻

孔制图）。钻孔层在制作电路板时将被自动考虑以提供钻孔的信息。

Drill Guide 主要为了与手工钻孔，以及老的电路板制作工艺保持兼容性，对于现代的工艺技术已经很少使用。更为普通的是，采用 Drill Drawing 提供钻孔参考文件。Drill Drawing 允许放置钻孔的指定信息，当用户在打印输出阶段生成钻孔制图时，这些信息将被包含进来。Drill Drawing 应该包含一个特定的".LEGEND"字串信息，因为在打印输出时该字串的查找位置将决定钻孔制图信息生成的地方。

当打印输出时，Drill Drawing 层产生电路板钻孔位置的代码图，这个代码图通常用于产生一个如何制造的制图。在输出阶段自动生成的钻孔信息在 PCB 文档中是不可见的，即使 Drill Drawing 层是可见的。

5．Solder Mark（阻焊层）和 Paste Mark（防锡膏层）

Protel 99 SE 提供两个阻焊层，分别是 Top Solder Mark（顶层阻焊层）和 Bottom Solder Mark（底层阻焊层）。阻焊层用于在进行设计时匹配焊盘和过孔，能够自动生成。阻焊层是负性的，在该层上放置的焊盘或者其他对象意味着是无铜的区域。通常为了能够容许制造误差，生产厂家经常要求指定一个阻焊层扩展规则，以放大阻焊层。如果不同的焊盘有不同的要求，用户可以指定多个规则。

Protel 99 SE 提供两个防锡膏层，分别是 Top Paste Mark（顶层防锡膏层）和 Bottom Paste 公司的磁敏二极管时，则用来建立阻焊层的丝印（相当于底片）。防锡膏层也是负性的，在该层上放置的焊盘或者其他对象意味着是无铜的区域。

也可通过指定一个防锡膏层扩展规则，以放大或者缩小防锡膏层。如果不同的焊盘有不同的要求，用户也可以指定多个规则。

6．Silkscreen（丝印层）

Protel 99 SE 提供两个丝印层，分别是 Top overLayer（顶层丝印层）和 Bottom overLayer（底层丝印层）。丝印层主要用于绘制元件的外形轮廓。当在电路板上放置 Protel 99 SE 的 PCB 元件库中的元件时，其管脚封装形状都会自动放到丝印层。

丝印层的设置如图 12-4 所示。如果在电路板的两面都放置元件，则需要将两个丝印层都选择上。如果只在一面上放置元件，则可以只设置 Top Overlayer（顶层丝印层）。

7．Others（其他层）

剩下的工作层归结到一起，总共有 8 层：首先是 Keepout（禁止布线层）、Multi layer（多层）……如图 12-5 所示。

图 12-4　丝印层的设置　　　　图 12-5　其他层的设置

然后是 Connection（连接层）、DRC Errors（设计规则检查错误层）、Visible Grid1（可见网格线层 1）、Visible Grid2（可见网格线层 2）、Pad Holes（焊盘孔层）、Via Holes（过孔层），如图 12-6 所示。

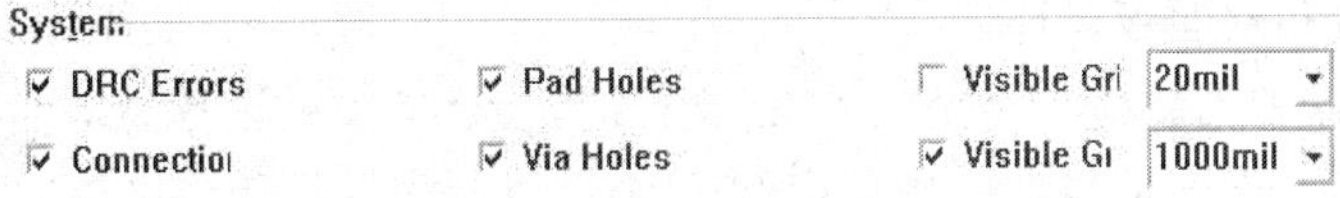

图 12-6　其他层的设置

Keepout（禁止布线层），用于定义元件放置的区域。在该层上禁止进行自动布线，不管 Keepout 是否打开。该层定义的边界都是有效的。通常，通过在"Keepout layer"上布置走线形成一个闭合的区域，构成禁止布线区。如果用户想对部分电路或者全部电路进行自动布局和自动布线，则必须在"Keepout layer"上至少设置一个禁止布线区，具体的操作在后面的章节中会详细介绍。

"Multi layer（多层）"是所有信号层的代表。在该层上放置的元件将会自动放置到所有的信号层上。通过"Multi layer"用户可以快速地将一个对象（例如焊盘）放置到所有的信号层上。一般情况下，所有的全通过孔和焊盘都放置在"Multi layer"上。

"Connection（连接层）"用于显示对象之间的连接线。例如当调入网络表时，在禁止布线区中放置的元件之间会有很多连接线，表示相应的元件之间具有电气连接。该层处于关闭状态时，系统仍会考虑内部的连通性，只是在文档中没有显示出来。在布置走线后，即使连接层处于打开状态，连接线仍旧会被走线覆盖掉。

"DRC Errors（设计规则检查错误层）"用于显示违反设计规则检查的信息，例如以另外的颜色显示一条违反规则的走线、元件等。该层处于关闭状态时，在线式的设计规则检查功能仍旧有效，但是在文档中不显示出来。

"Visible Grid 1（可见网格线层 1）"和"Visible Grid 2（可见网格线层 2）"用于显示网格线。这两层可以同时打开，也可以独自打开。一般应该打开一个网格线层，以在设计时方便对象的对准。

"Pad Ho1es（焊盘孔层）"打开时，显示焊盘的孔。

"Via Holes（过孔内孔层）"打开时，显示过孔的内孔。

12.1.3　工作层的设置

Protel 99 SE 中虽然提供众多的工作层，实际在电路板上真正存在的工作层（如信号层、内部电源/接地层和丝印层等）并没有那么多，有一些工作层在物理上相互重叠（如顶层信号层和顶层丝印层在电路板上是重合的），还有一些工作层只是为了方便电路板的设计和制造而设置的。例如机械层和其他层中的所有工作层，都可认为在电路板中并没有实际存在。

对于单面板，信号层中只需要打开 Bottom Layer（底层），还需要打开的有 Top Screen Layer（顶层丝印层）、Keepout Layer（禁止布线层）。为了设计方便，还应该打开 Visible Grid 1（可见网格线层 1）和 Visible Grid 2（可见网格线层 2）中的一个和 Connection（连接层）。其他的使用默认设置即可。

对于双面板，信号层中需要打开 Top Layer（顶层）和 Bottom Layer（底层），还需打开 Top Screen Layer（顶层丝印层）、Keepout Layer（禁止布线层）。如果需要在电路板的两面上都放置元件，还应该打开 Bottom Screen Layer（底层丝印层）。其他工作层的设置和单面板一样。

对于多层板，信号层中需要打开 Top Layer（顶层）、Bottom Layer（底层）及一些中间层。

其他的工作层设置和双面板一样。

在 PCB 设计器中当新建一个空的 PCB 文档时，该 PCB 被设置为双面板。之后进行的参数设置除了可能需要设置信号层、内部电源/接地层以及底层丝印层之外，其他的工作层可以使用系统的默认设置。

设置工作层的操作步骤如下。

① 执行菜单命令"Design | Options"，弹出如图 12-7 所示的对话框。

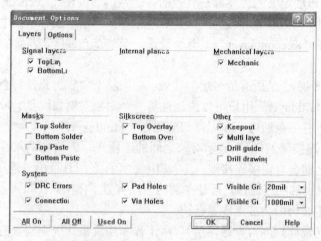

图 12-7　工作层设置对话框

② 在弹出的"Document Options"对话框中，如果需要打开某个工作层，可以单击该工作层名称，当其名称左边的复选框出现"√"符号时表示打开了该工作层。再单击时"√"符号将消失，相应的工作层也会关闭掉。

当打开或者关闭一个工作层后，在 PCB 设计窗口中的工作层标签上会增加或者减少相应的工作层名称，但是有一些工作层不出现在工作层标签中。这些层有 Connection（连接层），Visible Grid 1（可见网格线层 1），Visible Grid 2（可见网格线层 2），DRC Error（设计规则检查错误层），Pad Holes（焊盘孔层）和 Via Holes（过孔内孔层）。

12.2　对象起始参数设置

当用户在 PCB 版面上放置各种对象时，系统根据一个默认参数设置放置的对象。如果默认参数不能满足用户的要求，除了可在放置对象后再进行修改外，也可以在放置前直接设置对象的相关参数，这样可以大大减少一些重复性的工作。本节主要介绍如何设置对象的起始参数。进行对象的起始参数设置的操作步骤如下。

① 执行菜单命令"Tools→Preferences"，弹出如图 12-8 所示的对话框。

② 在弹出的对话框中单击"Default"标签，调出"Default"选项卡的内容，如图 12-9 所示。

③ 在"Defaults"选项卡的左边的列表框中是各对象列表。双击需要设置参数的对象名称，可以调出该对象的属性对话框，在对话框中用户可以设置对象的各种参数。列表框中的对象总共有 10 项，分别为 Arc（圆弧）、Component（元件）、Coordinate（坐标标注）、Dimension（尺寸标注）、Fill（填充）、Pad（焊盘）、Polygon（多边形）、String（字符串）、Track（走线）和 Via（过孔）。

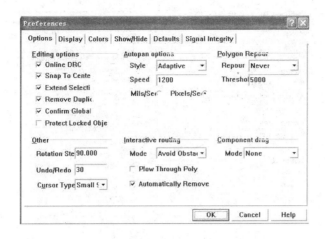

图 12-8　对象起始参数设置对话框

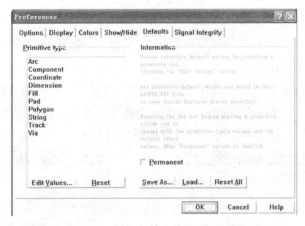

图 12-9　对象起始参数设置对话框

1．Arc（圆弧）

圆弧的参数中主要需要设置的是"Width（线宽度）"和"Radius（半径）"，如图 12-10 所示。

2．Component（元件）

元件参数中主要需要设置"Designator（元件标号）"和"Comment（元件注释）"，如图 12-11 所示。

一般"Designator（元件标号）"代表元件的类型，"Comment（元件注释）"则用于说明元件的数值参数。这两个参数都是字符串，可以单独设置它们的显示字体、高度和宽度等参数。单击"Designator"标签可以调出"Designator"选项卡，以设置"Designator"字符串的参数。单击"Comment"标签则可，调出"Commnet"选项卡，以设置"Comment"字符串的参数。两个字符串随着元件的外形一起显示在电路板的丝印层上。"Designator"和"Comment"字符串参数中需要设置的一般是"Height（高度）"和"Width（宽度）"。

3．Coordinate（坐标标注）

坐标标注实际上就是在电路板上给某一点加上该点的坐标标注。坐标标注参数中需要设置的有标注字符串高度和宽度，即"Text Height"和"Text Width"。还有一个需要设置的是标注的格式（Unit Style），总共有三种格式，分别是"None"、"Normal"和"Brackets"。

图 12-10　圆弧参数设置　　　图 12-11　元件参数设置

其中"None"表示坐标标注中不包含单位;"Normal"表示坐标标注中纵横坐标都包含单位(如 mm);"Brackets"则只在标注的最后包含单位,如图 12-12 所示。

4. Dimension (尺寸标注)

尺寸标注是给电路板上两点之间加上距离标注,其参数中需要设置标注字符串高度和宽度,即"Text Height"和"Text Width"。还有一个需要设置的是标注的格式(Unit Style),其意思和坐标标注中一样。尺寸标注的参数设置如图 12-13 所示。

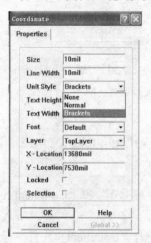

图 12-12　坐标标注参数设置　　　图 12-13　尺寸标注参数设置

5. Fill (填充)

填充实际上就是一块实心的矩形区域,其参数设置如图 12-14 所示。一般情况下不需要对填充的参数进行设置。

6. Pad (焊盘)

焊盘是电路板上和全通过孔类似的对象,其表面可以进行焊接。焊盘参数中需要设置"X-Size(横坐标方向的宽度)"、"Y-Size(纵坐标方向的高度)"、"Shape(焊盘形状)"和"Hole Size(焊盘内孔直径)"。其中焊盘形状有四种,分别为"Round(圆形和跑道形)"、"Rectangle(矩形)"和"Octagonal(八边形)"。焊盘的参数设置如图 12-15 所示。

图 12-14　填充参数设置　　　　　图 12-15　焊盘参数设置

7．Polygon（多边形）

多边形和填充类似，只不过可以具有任意多的边线。多边形参数设置如图 12-16 所示，但是一般情况下不需要设置多边形的参数。

8．String（字符串）

字符串主要用于给电路板加上注释信息。例如给一个区域的电路加上功能注释，以说明该区域的电路所具备的功能，或者给一个三极管加上功率、电流、电压以及散热片大小要求等。字符串参数中需要设置"Text（字符串的内容）"，"Height（字符串高度）"和"Width"（字符串宽度）"。字符串的参数设置如图 12-17 所示。

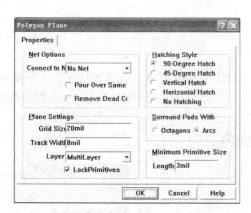

图 12-16　多边形参数设置　　　　　图 12-17　字符串参数设置

9．Track（走线）

走线是电路板上各元件之间连通的中介。走线参数中需要设置"Width"（走线宽度）。走线的参数设置如图 12-18 所示。

10．Via（过孔）

过孔是各个工作层之间赖以连通的中介。过孔参数中需要设置"Diameter（外孔直径）"，

"Hole Size（内孔直径）"和"Layer Pair（过孔所在的工作层）"。对于"Layer Pair"，如果选择了"Top-Bottom"，表示过孔从顶层一直穿透到底层，是一个全通过孔。对于其他的选择，都是盲孔。过孔的参数设置如图 12-19 所示。

 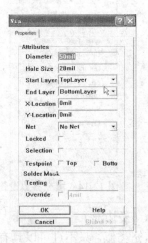

图 12-18　走线参数设置　　　　　　　　图 12-19　过孔参数设置

12.3　其他参数设置

12.3.1　工作层面的颜色设置

在 Protel 99 SE 的 PCB 设计器中是通过颜色来区分工作层的。在安装 Protel 99 SE 之后，PCB 设计器对各个工作层的颜色进行初始设置，如果用户不满意，可以自行修改。设置工作层面颜色的步骤如下。

① 执行菜单命令"Tools→Preferences"。

② 在弹出的"Preference"对话框中单击"Colors"标签，调出"Colors"选项卡的内容，如图 12-20 所示。

③ 在"Colors"选项卡中给出各个工作层的初始颜色，用户可以进行修改。例如需要设定 Bottom overLayer（底层）的颜色为蓝色，可用鼠标单击"Bottom overLayer"的颜色块，将会调出一个如图 12-21 所示的"Choose Color"对话框。

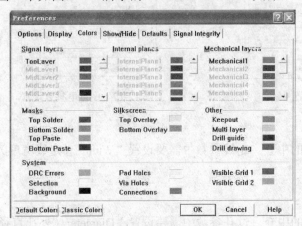 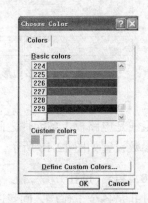

图 12-20　工作层面的颜色设置　　　　　　图 12-21　"Choose Color"对话框

在该对话框中用鼠标单击蓝色的横条，然后单击"OK"按钮，即可完成底层工作层面颜色的设置。其他工作层面的颜色设置与此类似。在"Colors"选项卡中除了可以设置工作层面的颜色之外，还可设置处于选定状态的区域的颜色和背景颜色。对话框中"System"设置组的"Selection"用于设置选定状态的区域的颜色；"Background"则用于设置背景颜色。如果想要采用工作层颜色的系统默认设置，可在"Colors"选项卡中单击"Default"按钮。如果需要采用典型设置，可以单击"Classic"按钮。

12.3.2 其他设置

这里介绍 PCB 版面的格点设置，计量单位设置，电气栅格设置，光标形状设置，对象显示模式以及其他参数，等等。

1. 格点、计量单位以及电气栅格设置

格点设置主要是指 PCB 版面上的网格设置，包括格点间距、网格形状等。

（1）格点设置的操作步骤

① 执行菜单命令"Design→Options"。

② 在弹出的对话框中单击"Options"标签，调出"Options"选项卡的内容，如图 12-22所示。

在"Options"选项卡的"Grid"参数设置组中总共有四项。"Snap X"、"Snap Y"用于设置移动格点的间距，"Component X"、"Component Y"用于设置元件的间距。所谓移动格点是指在 PCB 板上移动一个对象时，能够移动的最小间距。

"Visible Kind"设置的是网格线的形状。总共有两种形状一个是"Dots（点状）"，另一个是"Lines（直线）"，如图 12-23 所示。

③ 在"Options"选项卡中，用户可以单击设置组中的各下拉列表框右边的按钮，从列表中选择一个列表项。对于"Snap"、"Component"，用户也可直接在编辑框中输入数值。输入或者选择完毕后单击"OK"按钮，即可完成格点设置工作。

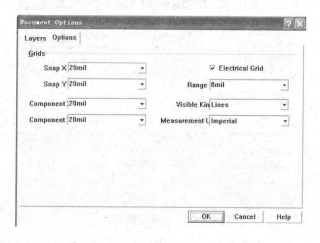

图 12-22　格点、计量单位以及电气栅格设置

（2）计量单位设置

计量单位设置是指 PCB 图中的距离单位设置。Protel 99 SE 总共提供了两种计量单位制，一个是国际单位制"Metric"，单位为 mm，另一个是英制"Imperial"，单位为 mil。国际单位

制"Metric"是国际标准，我们国家普遍使用该单位制。在这里设置为国际单位制。英制主要在英国和美国使用。用户如果要改变计量单位，可以在"Options"选项卡中单击"Other"参数设置组的下拉列表框，从中选择一个单位制。

（3）电气栅格设置

电气栅格是指当用户在 PCB 版面上放置对象时，如果对象之间的间距小于指定的距离，则显示一个表示两个对象将有电气连接的符号。电气栅格的设置主要就是设置这个指定的距离。要使电气栅格的连接指示功能有效，首先需要将其开关打开，用户可在"Options"选项卡中单击"Electrical Grid"参数设置的复选框，使得框中出现一个"√"符号；之后单击"Range"右边的下拉列表框的按钮，从中选择一个合适的数值，或者直接在编辑框中输入数值，如图 12-24 所示。

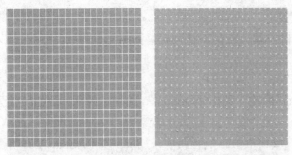
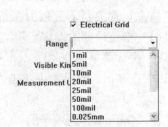

图 12-23　线状的网格和点状的网格　　　　图 12-24　电气栅格设置

2. 特殊功能设置

为了方便用户的布线工作，Protel 99 SE 还提供一些特殊的功能，其设置的操作步骤如下。

① 执行菜单命令"Tools→Preferences"。

② 在弹出的对话框中单击"Options"标签，以调出"Options"选项卡的内容，如图 12-25 所示。

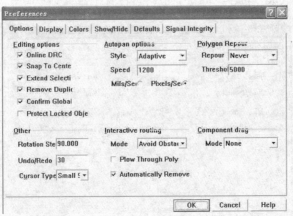

图 12-25　特殊功能设置

③ 设置"Online DRC"选项，为在线式设计规则检查，默认情况是打开，将随时进行设计规则检查。

④ 设置"Snap To Center"选项，使用鼠标单击该项，使得其复选框中出现"√"符号，表示打开了此项功能。打开"Snap To Center"选项后，当使用鼠标移动元件时，光标将定位

到该元件的第一个焊接点上。如果"Snap To Center"的功能没有打开，则当移动对象时，光标仍旧保持与对象的相对位置，而不会自动移动光标的位置。

⑤ 设置"Extend Selection"选项。设置该选项的方法和上面的一样，默认设置是打开。如果打开"Extend Selection"选项，则当用户在 PCB 版面上选定一个区域，并再选定另外一个区域时，前一个选定区域仍旧处于选定状态。如果关闭该项功能，则当用户选定一个区域后，第二次选定另外一个区域时，第一个区域自动取消选定状态。

⑥ 设置"Remove Duplicate"选项。如果打开了该选项，则系统自动删除板面中的重复对象。默认设置是打开。

⑦ 设置"Confirm Global Edit"选项。如果打开了该选项，则当设置当前编辑元件时，将出现一个确认对话框，要求用户确认。

⑧ 设置"Rotation Step"选项。该选项设置用于当旋转元件时，每次旋转的角度。默认设置是 90°。用户可以设置得更小，例如 45°，这样可以斜着放置元件了。

⑨ 设置"Cursor Type"选项。该选项用于设置光标的形状。主要有三种形状的光标可供用户选择，分别是"Large 90"、"Small 90"和"Small 45"。其中"Large 90"表示光标是一个大的十字光标，"Small 90"表示光标是一个小的十字光标，"Small45"则表示光标是一个小的 X 形光标。当要设置该项时，单击下拉列表框右边的按钮，且从列表中选择合适的光标形状。

⑩ 设置"Component drag"选项。该选项共有两种选择，分别是"None"和"Connected Tracks"，如图 12-26 所示。

如果取为"None"，表示移动元件时，与该元件相连的走线原地不动。如果取为"Connected Tracks"则表示当移动元件时，与之相连的走线跟着移动，保持连接状态。

⑪ 设置"Style"选项。它有 7 个选项，如图 12-27 所示。

"Adaptive"表示自适应的设置。

"Disable"表示用鼠标移动对象到达设计器边界时，视图将保持不动，即用户不能将对象移到视图的不可见部分。除非用户以缩小视图来扩大视图的可见范围。

"Re-Center"表示用鼠标移动对象到边界时，系统自动调整视图，使得边界上的光标处于视图的中心。

"Fixed Size Jump"表示用鼠标移动对象到边界时，系统以指定的固定间距向光标的方向移动对象，同时视图跟着移动。

"Shift Accelerate"表示用鼠标移动对象到边界时，系统以指定的间距向光标的方向移动对象，同时视图跟着移动。如果这时按下"Shift"键，系统将以指定的较大间距加速对象和视图的移动。

"Shift Decelerate"时情况和"Shift Accelerate"相反。用鼠标移动对象到边界时，系统以指定的较大间距向光标的方向移动对象，同时视图跟着移动。如果这时按下"Shift"键，系统将以指定的固定间距加速对象和视图的移动。

"Balliatic"表示用鼠标移动对象到边界时，光标离边界越远，对象和视图移动的速度就越大。如果这时按下 Shift 键，系统还会加速对象和视图的移动。一般情况下取值为"Re-Center"时最合适。

⑫ 设置"Interactive routing"选项，它有三个选项，如图 12-28 所示。

"Ignore Obstacle"表示在布线时即使遇到其他同层走线的阻挡，也忽略其影响，新布置的走线仍旧穿过去。

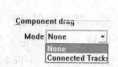  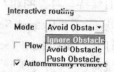

图 12-26　设置 Component Drag　　　图 12-27　Style 的取值　　　图 12-28　设置 Interactive Routing Mode

"Avoid Obstacle"表示不让新布置的走线穿过同层的其他走线，即避开同层的其他走线。

"Push Obstacle"表示布置走线时若遇到其他同层走线的阻挡，将移开阻挡的走线。用户可以根据自己的使用习惯选择一个取值，一般可以取值"Ignore Obstacle"，让用户自己决定是否穿过阻挡的走线。

⑬ 设置"Display options"组。"Display options"组中有 6 个参数，如图 12-29 所示。

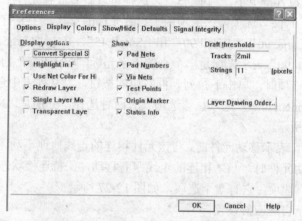

图 12-29　Display options 组参数设置

"Convert Special String"选项打开时，可以显示一些特殊功能字符串。

"Highlight in Full"选项打开时，表示在选定一个区域中的所有对象都全部加亮（只有部分在区域中的对象不属于该区域）。否则若该项功能关闭，选定区域中的对象不会处于加亮状态。

"Use Net Color For Highlight"选项打开时，表示使用网络本身的颜色来表示加亮状态。

"Redraw Layer"选项用于设置当其他 Windows 应用程序覆盖 PCB 设计器窗口再移开时，PCB 设计器窗口是否自动重画当中的走线、元件等对象。如果打开该项功能，系统自动进行重画；否则不会自动进行重画，需要手工执行重画命令。

"Single Layer Mode"选项打开时，表示电路板处于单层模式。这时 PCB 设计器窗口中只显示当前层中的对象，用户可以由此查看每一层中都有什么对象。一般情况下该项功能关闭。

"Transparent Layer"选项打开时，表示电路板处于透明模式，在 PCB 设计窗口中只能看到焊盘、过孔和走线。

一般情况下，"Display"组中的参数使用默认情况下的设置即可。

⑭ 设置"Undo/Redo"选项。当用户执行一个错误操作时，由于 PCB 设计器提供撤销/重做的功能，用户很容易回到错误操作前的状态。PCB 设计器对撤销和重做的次数可以进行设置。系统的默认设置是 30 次。

3. 对象显示模式设置

在 Protel 99 SE 中，PCB 版面上的所有对象都具有三种显示模式。

当对象的显示模式为"All Final"时，该对象在 PCB 版面上将以真实模式显示，能够从中看出对象外形的不同。该模式为系统默认模式，如图 12-30 所示。

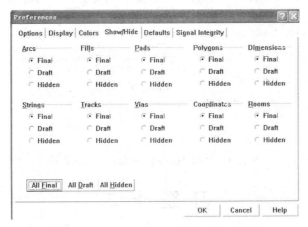

图 12-30　"All Final"对象显示模式设置

当对象的显示模式为"All Draft"时，该对象在 PCB 版面上将以草图模式显示，差别较小的对象将无法区分。例如宽度不同的走线，如果它们的宽度都小于一个指定的阈值，在 PCB 版面上都以相同的走线表示；当走线的宽度大于指定的阈值时，就以两条走线来表示。因此在"Draft（草图）"显示模式下，系统是以单线和双线表示走线的粗细的，如图 12-31 所示。

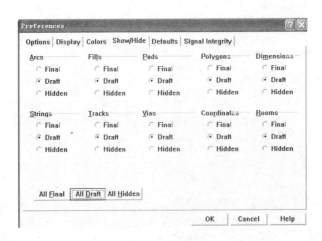

图 12-31　"All Draft"对象显示模式设置

当对象的显示模式为"All Hidden"时，该对象在 PCB 版面上将处于隐藏状态，用户不能在 PCB 版面上看到该对象。在实际进行电路板设计时，一般会用到"Draft"和"Hidden"这两种对象显示模式。如图 12-32 所示。

一般情况下，这三个参数直接使用系统的默认设置即可。

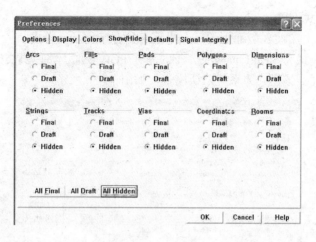

图 12-32 "All Hidden" 对象显示模式设置

习 题 十 二

12-1 对照电路板实物样板理解单面板、双面板和多层板各工作层的意义。

12-2 掌握和完成设计一单面板时电路板各参数的设置并理解各参数的作用。

12-3 掌握和完成设计一双面板时电路板各参数的设置并理解各参数的作用。

第 13 章　Protel DXP

Altium 公司于 2002 年 8 月推出一套基于 Windows 2000/XP 环境下的桌面 EDA 开发工具 Protel DXP。Protel DXP 不但兼容以前所有版本的 Protel，且在原理图绘制、PCB 布局布线、电路仿真、PLD 设计等方面均有很大的加强。Protel DXP 更具有 Windows XP 的稳定性，且已经具备了当今所有先进的电路辅助设计软件的优点。

13.1　Protel DXP 概述

电子科技的飞速发展和印制电路板工艺的不断提高，大规模和超大规模集成电路芯片不断涌现出来，现代电子线路系统已经变得非常复杂了。同时，电子产品又在向微型化的方向发展，因此要在更小的空间内实现更复杂的电路功能。在这种情况下，对 PCB 板设计和制作的要求也就越来越高了。目前，双面板是很常用的，四层板、六层板等多层板也不少见。与此同时，系统工作频率也在不断提高，这又对电路的抗干扰设计提出了更高要求。

在这种情况下，快速、准确地完成电路板的设计对电子工程师而言是一个挑战。电子工程师们也因此对设计工具提出更高要求。目前在国内应用最为广泛的是 Protel 系列 EDA 设计工具，Protel DXP 就是该系列软件的最新产品。

13.1.1　Protel DXP 软件介绍

Protel DXP 是 Altium 公司于 2002 年推出的一套电路板设计软件平台，主要运行在 Windows 2000 和 Windows XP 上。这套软件是 Altium 公司十多年来致力于 Windows 平台开发的最新产品，能够实现从概念设计、顶层设计直到输出生产数据以及这之间的所有分析、验证和设计数据的管理。

目前的 Protel DXP 已不是单纯的 PCB（印制电路板）设计工具，而是一套由五大模块组成的系统工具，分别是 SCH（原理图）设计、SCH（原理图）仿真、PCB（印制电路板）设计、Auto Router（自动布线器）和 FPGA 系统（主要用于可编程逻辑器件的设计），覆盖了以 PCB 为核心的整个物理设计。

Protel DXP 软件在文件交换方面也有很大的进展。Protel DXP 软件可以毫无障碍地读取 Orcad、Pads、Accel（PCAD）等知名 EDA 公司的设计文件，可以输入和输出 DWG（AutoCAD 工程图文件）、DXF（AutoCAD 图形文件）格式文件，实现和 AutoCAD 等软件的数据交换，也可输出格式为 Hypeflynx 的文件，用于板级信号仿真。

作为一款优秀的 EDA 设计软件，Protel DXP 软件具有以下 7 个特点。

① 通过设计文件包的方式，将原理图编辑、电路仿真、PCB 图设计，以及打印这些功能有机地结合在一起，提供一个集成开发环境。这个功能相对于以前使用 DOS 版本的设计者而言是一个好消息，设计者不用退出原理图设计程序再进入 PCB 板设计程序。

② 提供混合电路仿真功能，为设计者检验原理图电路中某些功能模块的正确与否提供方便。

③ 提供丰富的原理图元件库和 PCB 封装库，且为设计新的器件封装提供封装向导程序，

简化了封装设计过程。

④ 提供层次原理图设计方法，支持"自上向下"的设计思想，使大型电路设计的工作组开发方式成为可能。

⑤ 提供强大的查错功能。原理图中的 ERC（电气法则检查）工具和 PCB 图的 DRC（设计规则检查）工具能够帮助设计者更快地查出和改正错误。

⑥ 全面兼容 Protel 系列以前版本的设计文件，提供与 OrCAD 格式文件的转换功能。

⑦ 提供全新的 FPGA 设计功能，这是以前的版本所没有提供的功能。

13.1.2　认识 Protel DXP 集成环境

Protel DXP 集成环境（Design Explorer）是用户与 Protel DXP 打交道的地方，所有 Protel DXP 功能都是从这个环境中启动的；Protel DXP 的集成环境和以前各个版本的集成环境有些不一样，如图 13-1 所示。Protel DXP 采用的是类似 Windows XP 风格的界面。

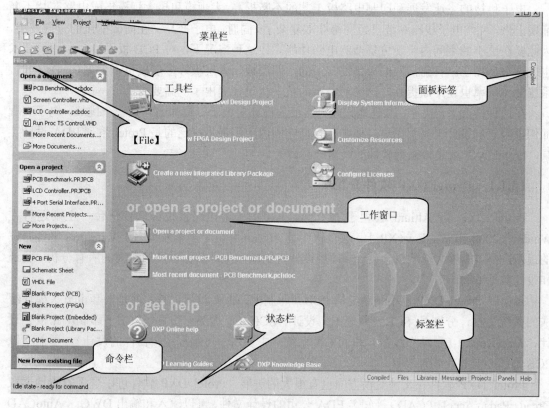

图 13-1　Protel DXP 集成环境

在 Protel DXP 中，设计文档不再沿用以前的扩展名，其扩展名参见表 13-1。

表 13-1　Protel DXP 设计文档扩展名

设 计 文 档	扩 展 名
原理图	SchDoc
原理图元件库	SchLib
PCB 板	PcbDoc
PCB 元件库	PcbLib
PCB 工程	PrjPCB
FPGA 工程	PrjFpg

1. 创建工程

运行 Protel DXP，执行菜单命令"File→New→PCB Project"。执行这个命令之后，Protel DXP 创建一个空的 PCB 工程，并且使用默认的名字，从集成环境左侧的"Projects"面版中可以看到这个空的工程，如图 13-2 所示。

执行菜单命令"File→Save Project As"，将此工程换名存盘。在弹出的保存文件对话框中选择合适的路径和文件名，在集成环境左侧的工程面版中，当前工程的名字已经换成"PCB1.PrjPCB"，如图 13-3 所示。

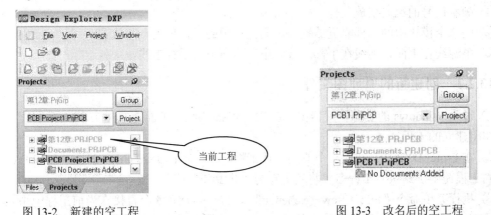

图 13-2　新建的空工程　　　　　　　　图 13-3　改名后的空工程

2. 加入新文件

刚才创建的是空白的工程，需要往这个工程中添加文件。可以添加很多的文档类型，有原理图、原理图库、PCB 图、PCB 库和 VHDL 文档等。这里只以添加一个原理图文档为例。执行菜单命令"File→New→Schematic"，Protel DXP 直接在当前工程中添加一个空的原理图文档，并且使用默认的文件名，如图 13-4 所示。可将这个文档重新命名保存。

按照同样的方式，往这个工程加入一些其他类型的文档。此时集成环境左侧的工程面版如图 13-5 所示。从图中可以看出，Protel DXP 将文档按类型在工程面版中分类列出。

从这里可以看出，Protel DXP 的文件管理比 Protel 99 SE 的文件管理更先进，分类、管理更加方便。

图 13-4　添加文件后的工程　　　　　　图 13-5　添加更多文件后的工程

3. 打开文档和在文档中切换

在工程面版中用鼠标分别单击文档的名字，可以打开这个文档，目前它们都是空文件。可以单击图中工程面版内相应的文件名，另一种方法是单击图中右边编辑区上面所示的文件名选项。

13.2　Protel DXP 原理图设计

13.2.1　概述

若要保证 PCB 板最终设计的正确性，必须保证原理图的正确性。因此设计者在绘制原理图的时候，主要应该考虑绘制的正确性，并且要尽量使绘制出来的原理图清晰流畅、可读性强，这对工程的维护和改进及其有利。所以在绘制原理图时，应该遵循类似的规则，即

① 顺着信号的流向摆放元件；

② 同一个模块中的元件靠近放置，不同模块中的元件稍远一些放置；

③ 电源线在上面，地线在下部，或者电源线与地线平行走线。

13.2.2　创建新的原理图文件

①. 进入 Windows 的资源管理器中，在"E：\Examples"下面建立一个子目录"JL"，用以存放即将建立的工程。

② 在 Protel DXP 中，创建一个新的设计工程。执行菜单命令"File→New→PCB Project"，新建的工程使用了默认的工程名，将其另存为"JL.PrjPCB"。

③ 执行菜单命令"File→New→Schematic"，Protel DXP 就会直接在当前工程中添加一个空的原理图文档，并且使用默认的文件名。将新建的原理图另存为"JL.SchDoc"。

13.2.3　原理图编辑环境

打开刚才创建的原理图文件"JL.SchDoc"，弹出如图 13-6 所示的原理图编辑环境。

图 13-6　原理图编辑环境

1. 菜单简介

① File：文件菜单管理，主要涉及工程和文件的创建、打开和保存等常规文件操作，其中的"Import"子菜单还可用来导入其他 EDA 软件设计的原理图。

② Edit：编辑菜单，主要提供一些与原理图编辑有关的操作，其中块操作、阵列粘贴操作等都为原理图编辑提供极大的方便。

③ View：视图菜单，主要用来设置编辑环境的外观。打开一些快捷菜单。

④ Place：放置菜单，主要用来放置各种电气元件符号。

⑤ Design：设计菜单，这个菜单中的所有子菜单都非常重要，包括元件库操作、层次原理图操作，以及原理图仿真等。

⑥ Tools：工具菜单，这个菜单的内容也比较重要，包括 ERC 检测、自动编号等工具项目，熟练运用这些工具可以大大减轻绘图工作量。

⑦ Reports：报表菜单，主要提供一些报表生成操作。

2．工具栏

工具栏中的很多工具图标都是通用图标，很容易就能看出所实现的功能。这里主要介绍以下 4 个图标。

用于层次原理图中项目文件和该项目下的模块文件之间的相互切换。

光标切换，切换到十字光标。

定义一个块，以便实现块操作。

取消定义的块。

3．工程管理面板

该窗口可以集成多个选项，如文件操作面板、工程管理面板和库维护面板等，如图 13-7 所示。

图 13-7　工程管理面板

4．工具箱

原理图编辑环境提供多个工具箱，常用的有布线工具箱、绘图工具箱和电源工具箱三个，如图 13-8，图 13-9，图 13-10 所示。

① 布线工具箱：主要用于放置原理图器件和连线等符号，是原理图绘制过程中最重要的工具箱。如果它没有出现在工作区中，可以执行菜单命令"View→Toolbars→Wiring"，将它显示出来。

图 13-8　Wiring 面板　　　图 13-9　Power Objects 面板　　　图 13-10　Drawing 面板

② 电源工具箱：主要提供电源符号，如果它在当前窗口中没有显示出来，可以执行菜单命令"View→Toolbars→Power Objects"，显示该工具箱。

③ 绘图工具箱：主要用于在原理图中绘制标注信息，不代表任何电气联系。如果它没有出现在工作区中，可以执行菜单命令"View→Toolbars→Drawing"，将它显示出来。

13.2.4　加载和卸载元件库

绘制原理图是一个不断放置元件和连线的过程。因此，在绘制原理图之前，应该告诉 Protel

DXP 从哪些元件库中选用元件。这个过程就是加载元件库（Add Library）。如果不需要某个库了，也可以通知 Protel DXP，这个过程就是卸载元件库（Remove Library）。

前面已经介绍，在 Protel DXP 中，所有的元件库、封装库、原理图、报表和 PCB 文件等都是作为独立文件存放的。元件库有原理图元件库，PCB 板元件库和集成元件库三类。它们的扩展名分别为"SchLib"，"PcbLib"和"IntLib"。不过，Protel DXP 仍然可以识别原来的那些仅以"LIB"为扩展名的库。

创建一个新的原理图文件后，Protel DXP 默认该文件加载 Miscellaneous Devices．IntLib 和 Miscellaneous Connectors.IntLib 两个原理图文件库。这两个库中包含各种分立元件、接插件等，因此几乎设计每个原理图文件时都需要用到它们。

如果需要加载其他元件库，按照如下步骤操作。

① 执行菜单命令"Design→Add→Remove Library"，弹出如图 13-11 所示的对话框。

② 单击 Add Library 按钮，在弹出的文件对话框中选择合适的库文件，即可将其添加到列表框中。若想卸载某个库，只需要在列表中选中某个库，然后单击 Remove 按钮即可。

③ 选择完成后，可以单击 Close 按钮，关闭对话框。

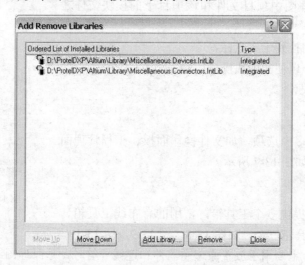

图 13-11　原理图元件库管理窗口

13.2.5　运算放大器电路的绘制

这里介绍一个绘制运算放大器电路的例子。运放是电路中很常用的器件，由运放构成的各种放大、反相、加减和混合电路也是很常用的基本电路。因此，介绍由运算放大器为核心的放大电路的绘制具有一定的普遍意义。

在这个例子中，将学到新建原理图、放置元件、设置元件属性、连线、放置端口和设置端口属性等知识。

① 执行菜单命令"Place→Part"放置元件。Protel DXP 弹出如图 13-12 所示的对话框，在此对话框中输入元件属性。

Lib Ref　1　：元件在库中的名字，此元件必须在已经加载的库中找到。如果不记得元件名，可以单击 按钮在库中寻找，如图 13-13 所示。寻找的时候可以预览元件，还可以单击 按钮加载或者卸载元件库。

Designator ___ ：元件的标识字符串，简称元件标识。元件标识可以是任何字符串，但是推荐采用"类型字符+序号"的命名方式。

Comment ___ ：元件的标注，起描述作用，可以填入任何能看懂的内容，而不一定非是电气参数不可。

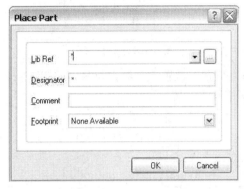

图 13-12　元件属性对话框

图 13-13　查找所需的元件

Footprint None Available ：元件封装。在绘制原理图的时候，Protel DXP 不会进行封装正确性的检查。因此，设计师应该保证所填写的封装名是正确的。如果封装名拼写错误，或者指定的封装在库中找不到，在绘制 PCB 板时系统报告错误。由于 Protel DXP 的版本目前还不是很稳定，个别情况下给出的默认值可能是错的。

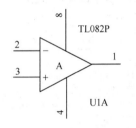

图 13-14　放置的元件

② 选择元件后单击图中的"OK"按钮，所选择的元件就会出现在图中，并且随着鼠标移动而移动。在合适的位置单击即可放置此元件，如图 13-14 所示。

③ 放好运算放大器后，再放置电阻。电阻在"Miscllaneous Devices.IntLib"库中，名字为"Res2"，把标识改为"R1"，注释一栏为空，如图 13-15 所示。

④ 将电阻移到合适的位置放下，如图 13-16 所示。

图 13-15　设置电阻并设置相应的参数值

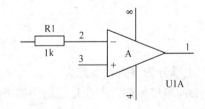

图 13-16　将电阻移到合适的位置

⑤ 照此方法继续添加另外两个电阻"R2"和"R3"，将其放置到合适的位置，如图 13-17 所示。

⑥ 运算放大电路的元件已经放置完毕，开始连线。执行菜单命令"Place→wire"放置连线（wire）；在连线时如果发现元件或者字符的位置不合适，可以将其移到合适的位置，如图 13-18 所示。

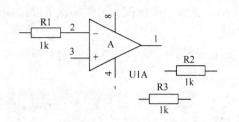

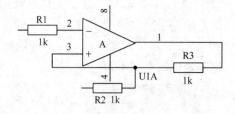

图 13-17　继续添加电阻　　　　　　　　　　　图 13-18　连接导线

⑦ 执行菜单命令"Place→Port"，在图中的适当位置上放置 5 个端口符号，如图 13-19 所示。放置时要用鼠标单击两下，决定端口标识的两个端点位置。

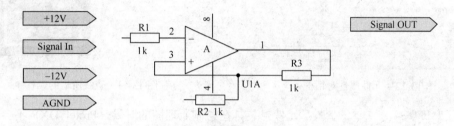

图 13-19　放置端口符号

⑧ 修改端口属性，双击左上角的端口，Protel DXP 弹出属性对话框，如图 13-20 所示。

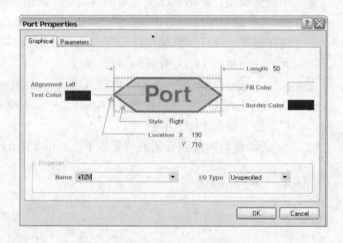

图 13-20　端口属性对话框

⑨ 上部分的参数设置意义

Style：端口风格，主要是指箭头的方向。

Alignment：内部文字对齐方向。

Length：端口符号的长度。

Location：位置。

⑩ 下部分的两项说明

Name：端口名称，常常根据其功能命名。

I/O type：输入/输出属性。

放置连线，将元件连接到端口，如图 13-21 所示。至此，运算放大电路已经绘制完成。

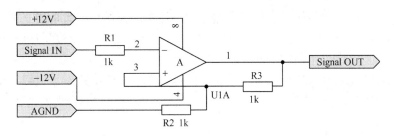

图 13-21　修改端口属性并添加连线

13.3　Protel DXP 中原理图元件库的制作

13.3.1　概述

Protel DXP 自带非常丰富的原理图元件库，但是在电子线路设计过程中，常常会出于以下三种原因，需要创建和修改原理图元件库。

① 现有的原理图元件库中找不到所需的元件电气符号。

② 原理图元件库里的元件与 PCB 封装库里的元件引脚编号不一致。

③ 原理图元件库里的元件电气符号偏大，希望修改该元件的电气符号图形，使原理图更紧凑、更美观。

原理图中的元件代表实际的元器件，连线代表实际的物理导线，因此一张原理图完全包含元器件及其连接关系。这两部分信息就是原理图中包含的基本内容。

由于同一个元件可能多次使用，因此把功能相关的元件组织成一个仓库，在需要的时候从仓库中取出所需的元器件即可。这样就不用每画一张图都要画好多次元件，可以避免重复工作。这种为原理图准备的元件仓库称为原理图元件库。同样道理，在绘制 PCB 板的时候，也会有相应的库，称之为 PCB 元件库，简称为封装库。原理图元件库的文件扩展名为"SchLib"，PCB元件库的扩展名为"PcbLib"。

原理图元件由两大部分组成，用以标识元件功能的标识图和元件引脚。

1．标识图

标识图仅起提示元件功能的作用，没什么实质作用。实际上，没有标识图或者随便绘制标识图都不会影响原理图的正确性。标识图对于原理图的可读性具有重要作用，直接影响原理图的维护，关系到整个工程的质量。因此，应该尽量绘制直观表达元件功能的元件标识图。

2．引脚

引脚是元件的核心部分。元件图中的每一根引脚都要和实际元件的引脚对上号，而这些引脚在元件图中的位置是不重要的。每根引脚都包含序号和名称等信息。引脚序号用来区分各个引脚，引脚名称用来提示引脚功能。

13.3.2　原理图元件的绘制

为一个实际元件绘制原理图库时，为了保证正确和高效，一般建议遵循以下步骤。

（1）收集必要的资料：所需收集的资料主要包括元件的引脚功能。

（2）绘制元件标识图：如果是集成电路等引脚较多的元件，因为功能复杂，不可能用标识图表达清楚，往往画个方框代表。如果是引脚较少的分立元件，一般尽量画出能够表达元件功能的标识图，这对于电路图的阅读会有很大帮助。

（3）添加引脚且编辑引脚信息：在绘制好的标识图的合适位置添加引脚。此时的引脚信息是由 Protel DXP 自动设置的，往往不正确，需要手工编辑修改为合适的内容。

原理图元件设计实例

通过绘制一个三极管实例，介绍元件的绘制过程和技术要点。

① 在 Projects 面板中双击"Schlib1.SchLib"文件名，打开创建的库文件，准备添加元件。

② 执行菜单命令"Tools | New Component"，在弹出的对话框中将新元件名称改为"NPN"，然后单击"OK"按钮，如图 13-22 所示。这时库里出现一个名为"NPN"的空元件，如图 13-23 所示。工作区中的十字线交叉点是此元件的基准位置，元件中的坐标都以这一点为基准。在原理图中放置元件、移动元件也都是以这一点为基准的。

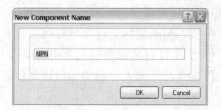

图 13-22　输入元件名

③ 使用绘图工具箱，用鼠标单击　　按钮，开始绘制线条。这时候鼠标变成十字形。在靠近基准位置的地方绘制三极管的符号，如图 13-24 所示。在绘制线条的过程中，如果发现不能绘制斜线，可以在画线的同时（不释放鼠标）按一下或者多下空格键切换画线模式。

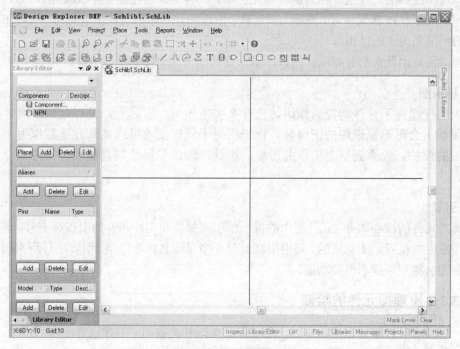

图 13-23　添加的空元件

④ 用鼠标双击刚绘制的三极管符号左边的竖线，弹出此线条的属性对话框，如图 13-25 所示。单击"Line Width"下拉列表框，将线宽更改为"Medium"，单击"OK"按钮确认。

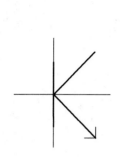 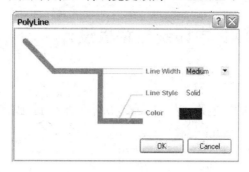 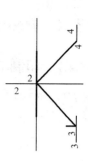

图 13-24　绘制好的三极管符号　　　　图 13-25　线条属性对话框　　　　图 13-26　添加三极管引脚

⑤ 在绘图工具箱中用鼠标单击 按钮，为三极管添加引脚。由于三极管有三个引脚，刚添加的引脚如图 13-26 所示。这时候引脚标号和引脚名称取的是初始值，一般是不正确的。

⑥ 编辑引脚属性。将光标移到其中一个引脚上，双击鼠标左键，弹出如图 13-27 所示的对话框。将它们的引脚标号（Designator）分别改为"e"、"b"、"c"，名称（Display Name）设置为空。并且去掉[Visible]属性，将引脚长度改为"10"或者"20"，其他属性保持不变。修改之后的三极管如图 13-28 所示。

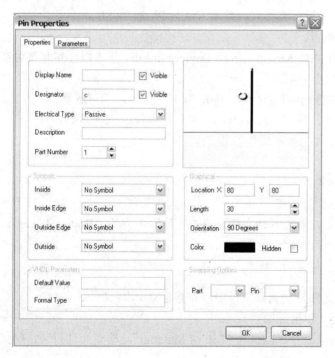 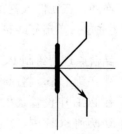

图 13-27　引脚属性对话框　　　　　　图 13-28　修改后的三极管

这里之所以将引脚号不用"1"、"2"、"3"标识，而用"e"、"b"、"c"标识是为了和 PCB 元件引脚名称保持一致。

引脚改短是为了美观。读者可以试试看使用"30"这个长度值。

隐藏引脚号和引脚名称是因为元件标识图已经完全可以说明引脚功能,没有必要在引脚上标出,否则绘制出的原理图不美观。至此,三极管的原理图元件已经绘制完毕。

13.4 Protel DXP 中印制电路板设计

13.4.1 印制电路板设计的一般步骤

下面以软件中自带的时钟电路(如图 13-29 所示)来绘制电路板。

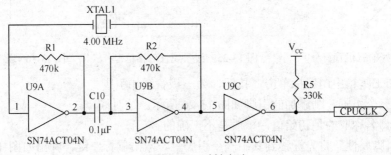

图 13-29 时钟电路

1. 手工绘制 PCB 图

① 建立新工程,并且建立 PCB 文件。

② 设置 PCB 板的各种选项。设置方法略,基本方法与 Protel 99 SE 差不多。

③ 设置禁止布线区和坐标原点。

④ 放置元件。在 Libraries 中加载 Miscellaneous Devices.IntLib。基本原件封装都可在该库中找到。在下拉列表框中找到"DIP-14"。

⑤ 单击 Place DIP-14 按钮,在弹出的对话框中单击"OK"按钮,即可放置。

⑥ 修改元件属性。双击元件,弹出"Properties"对话框可修改三种参数。

Component Properties 组:元件的基本属性参数。

Designator 组:元件标号。

Comment 组:元件类型或名称。

⑦ 用同样的方法放置其他元件。

⑧ 布线。在元件放置完成后,即可开始布线。单击工作区下方的"Bottom Layer",将布线层置为底层,单击布线按钮,可以开始布线。

2. 结合原理图绘制 PCB 图

① 建立新工程,将原理图文件复制到该工程中,并且建立 PCB 文件。

② 在 PCB 中设置禁止布线区和坐标原点。

③ 切换到 SCH 中,执行菜单命令"Report→Bill of Material",检查元件封装,确保元件封装正确且在库中可以找到,如图 13-30 所示。

④ 执行菜单命令"Design→Update PCB …",将原理图的内容传输到 PCB 板上。此时将弹出对话框,列出所有即将进行的操作。

⑤ 单击"Execute Changes"按钮,执行所提交的修改,再单击"Close"关闭。此时自动切换到 PCB 图,并在禁止布线区外出现一些元件和一个斜线框。

Description	Designator	Footprint	LibRef	Quantity
	C10	RAD0.2	CAP NP	1
	R1	AXIAL0.4	R	1
	R2	AXIAL0.4	R	1
	R5	AXIAL0.4	R	1
Hex Inverters	U9	DIP14	SN74LS04	1
	XTAL1	XTAL1	CRYSTAL	1

图 13-30 正确的元件封装

⑥ 拖动斜线框到禁止布线区内适当的位置，然后删除斜线框。

⑦ 合理布局元件。执行菜单命令"Tools→Interactive Placement→Move to Grid"。

⑧ 连接导线。注意，要在 Bottom Layer 层画导线（即布线）。

⑨ 调整字符串位置。

⑩ 调整导线的宽度。

⑪ 调整边框大小。

⑫ 设置定位孔。将工作层切换到机械层，沿禁止布线层的边框线画出机械层的边框线，然后放置过孔。

⑬ 最后保存即可。

13.4.2 元件布局

下面简单介绍自动布局功能。基本操作与 Protel 99 SE 相同。执行菜单命令"Tools→Auto Placement→Placer"，在弹出的窗口中选择"Cluster Placer"方式，并且选中"Quick Component Placement"选项，单击"OK"按钮即可。

1. 手工预布局

执行菜单命令"Edit→Move→Move"，手工移动单个元件，将元件放置在合适的位置。

2. 锁定预先放置的元件

放置好预先安排的元件后，需要锁定这些元件；否则在下一步自动布局的过程中，这些器件的位置又会被移动。方法是将光标移动到其中一个元件上，单击鼠标右键，选择"Properties"菜单项，选中其中的"Locked"属性。

3. 自动布局

先要设置自动布局的一些参数。执行菜单命令"Design→Rules"，单击"Placement"选项，将其分支展开。可以看到有 5 个设置选项，如图 13-31 所示。

（1）设置 Room Definition 选项

选择"Room Definition"子项，单击鼠标右键，在弹出的菜单中选择"New Rules"，可以添加一行规则。在新增的规则上单击鼠标左键，切换到编辑界面，如图 13-32 所示。Room 是为元件布局专门设置的一种新的电气符号。

（2）设置自动布局元件间距

选择"Component Clearance"子项，按前面的方法打开编辑界面。该项用于设定两类元件的间距。"All"表明该规则适用于板上所有的元件相互之间的间距。

（3）元件放置方向

同样的方法可对"Component Orientations"项进行设置。

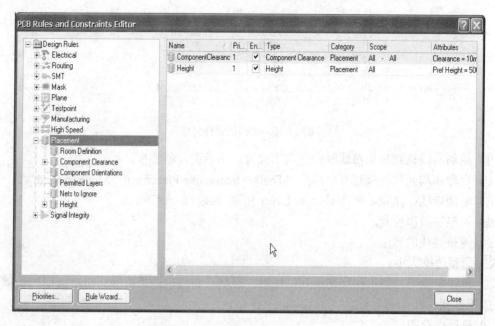

图 13-31 自动布局参数设置对话框

（4）忽略网络

同样的方法可对"Net to Ignore"项进行设置。

（5）元件放置面

同样的方法可对"Permitted Layers"项进行设置。对于传统通孔式封装的元件，通常是将所有元件放置在元件层，而在使用表面贴式封装时，有时候可以考虑将元件放在焊接面。执行菜单命令"Tools→Auto Placement→Placer"，最后进行自动布局。如果还觉得不满意，再进行手工调整，使元件封装达到最佳。

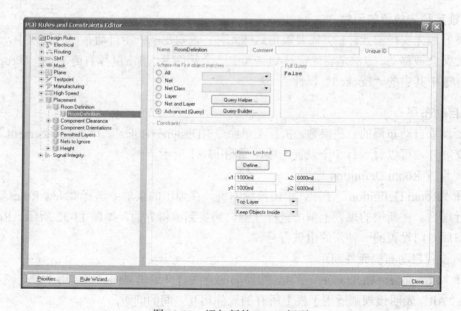

图 13-32 添加新的 Room 规则

13.4.3 自动布线参数设置

Protel DXP 的自动布线参数设置与 Protel 99 SE 基本差不多。

1．设置电气规则

电气规则是在 PCB 板绘制过程中需要遵循的一般规则，主要有间距"Clearance"，如图 13-33 所示。执行菜单命令"Design→Rules"后，双击"Clearance"选项，可以进行设置。

2．设置布线规则

执行菜单命令"Design→Rules"后，单击 Routing 选项，展开其子项。对其子项——进行设置，包括拐角风格、布线层与布线风格、布线拓扑方式、过孔风格、导线宽度等，如图 13-33 所示。

3．设置表面贴装元件规则

【SMT】选项用于设置阻焊层中焊点的延伸量。

（1）表贴式焊盘引出导线宽度。

展开 SMT 分支的"SMDNeck-Down"子项，添加一个新的规则后进行编辑。

（2）表贴式焊盘引线长度。

展开 SMT 分支的"SMD To Corner"子项，添加一个新的规则后进行编辑。

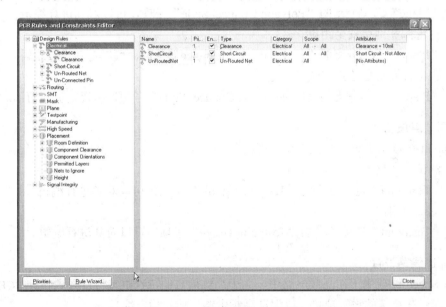

图 13-33　电气规则设定对话框

（3）表贴式焊盘与内地层连接。

展开 SMT 分支的"SMD To Plane"子项，添加一个新的规则后进行编辑。

4．设定制造规则

"Manufacturing"选项用于定义电路板制作过程中有关导线的拐角模式、孔的大小，以及环孔的宽度等制作尺寸。设定好这些选项，可以减少制作 PCB 板过程中的一些缺陷。

（1）锐角限制

展开"Manufacturing"选项分支的"Acute Angle"子项，添加一个新的规则进行编辑。

（2）孔径限制

展开"Manufacturing"选项分支的"Hole Size"子项，添加一个新的规则进行编辑。

（3）配对层设置

展开"Manufacturing"选项分支的"Layer Pairs"子项，添加一个新的规则进行编辑。

（4）焊盘铜环最小宽度

展开"Manufacturing"选项分支的"Minimum Annular Ring"子项，添加一个新的规则进行编辑。

5．设定 Mask 规则

Mask 选项用于设置阻焊层设计规则。

（1）阻焊层收缩宽度

展开"Mask"选项分支的"Solder Mask Expansion"子项，可以对其进行编辑。

（2）助焊层收缩宽度

展开"Mask"选项分支的"Paste Mask Expansion"子项，可以对其进行编辑。

6．设定 Plane 规则

Plane 选项用于设置内电层设计规则。

（1）覆铜区与焊盘连接方式

展开"Plane"选项分支的"Polygon Connect Style"子项，可以对其进行编辑。

（2）内电源和地层安全距离

展开"Plane"选项分支的"Power Plane Clearance"子项，可以对其进行编辑。

（3）内电源和地层连接方式

展开"Plane"选项分支的"Power Plane Connect Style"子项，可以对其进行编辑。

7．测试点设置

Testpoint 选项用于设置测试点设计规则。

（1）测试点风格

展开"Testpoint"选项分支的"Testpoint Styule"子项，可以对其进行编辑。

（2）测试点用法

展开"Testpoint"选项分支的"Testpoint Usage"子项，可以对其进行编辑。

8．高速线路设置

High Speed 选项用于在高频电路中，由于高频信号的特殊电气特性导致设计 PCB 图的时候必须增加一些特殊的设置项目，以保证高频电路工作的稳定性。

（1）菊花链分支长度

展开"High Speed"选项分支的"Daisy Chain Stub Length"子项，添加一个新的规则后，可以进行编辑。

（2）最大布线长度

展开"High Speed"选项分支的"Length"子项，添加一个新的规则后，可以进行编辑。

（3）匹配网络长度

展开"High Speed"选项分支的"Matched Nets Lengths"子项，添加一个新的规则后，可以进行编辑。

（4）最大过孔数量

展开"High Speed"选项分支的"Maximum Via Count"子项，添加一个新的规则后，可以进行编辑。

（5）平行布线限制

展开"High Speed"选项分支的"Parallel Segment"子项，添加一个新的规则后，可以进行编辑。

（6）禁止表贴式焊盘上设置过孔

展开"High Speed"选项分支的"Vias Under SMD"子项，添加一个新的规则后，可以进行编辑。

13.4.4　自动布线

Protel DXP 中的自动布线与 Protel 99 SE 中的很类似。故这里不再讲述。若有不清楚的地方，请参看 Protel 99 SE 部分。

13.5　Protel DXP 中设计元件封装

Protel DXP 中创建元件封装与 Protel 99 SE 中基本相同。本节将对封装的创建做简要讲解。

13.5.1　建立自己的封装库

通常，如果需要一个新器件，最好建立在自己的库中。如果需要修改 Protel DXP 提供的元件，最好先把它复制到自己的库里，然后修改库中的相应元件，而不要直接修改库中的封装。

直接向工程中添加空的元件库。执行菜单命令"File→New→PCB Library"，即可新建一个空的 PCB 库。该库是自由文档，不属于任何工程。然后将左边的工程浏览器切换到 PCB Library 面板，准备编辑元件。布线工具箱与 Protel 99 SE 一样，这里不再做介绍。

13.5.2　使用封装向导创建封装

下面以发光二极管封装的创建为例。

① 在自己创建的 PCB 库中，执行菜单命令"Tools→New Compoent"，将弹出向导对话框。如图 13-34 所示。

图 13-34　执行菜单命令 Tool

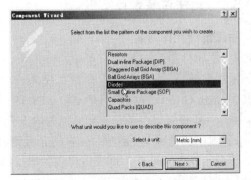

图 13-35　元件 PCB 封装绘制向导

② 单击"Next"按钮，进入下一步。在这个对话框中选择与要创建的元件相似的元件 Diodes，并且选择单位为 Metric（mm）。如图 13-35 所示。

③ 单击"Next"按钮，进入下一步，在这个对话框中选择制板工艺为通孔 Through Hole。如图 13-36 所示。

④ 单击"Next"按钮，进入下一步，在这个对话框中选择焊盘尺寸。如图 13-37 所示。

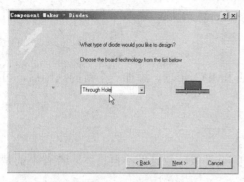

图 13-36　设定元件制板工艺孔

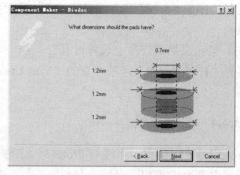

图 13-37　设定焊盘尺寸

⑤ 单击"Next"按钮，进入下一步，在这个对话框中选择引脚距离。如图 13-38 所示。

⑥ 单击"Next"按钮，进入下一步，在这个对话框中设定元件符号的线宽。如图 13-39 所示。

⑦ 单击"Next"按钮，进入下一步，命名该元件。如图 13-40 所示。

⑧ 单击"Next"按钮，进入结束界面，单击"Finish"完成。

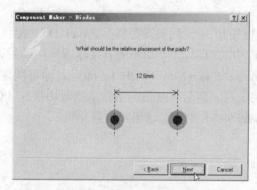

图 13-38　设置焊盘间距

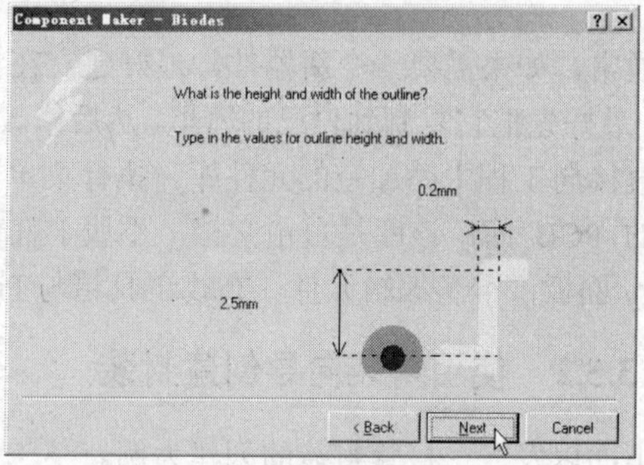

图 13-39　设定元件符号线宽

13.5.3　元件封装设计实例

1. 手工设计元件封装

（1）设置属性参数

① 板级参数设置：执行菜单命令"Tools→Library Options"，弹出如图 13-41 所示的对话框。 其中 Snap Grid 设置框中的是 x 和 y 轴方向上的捕获栅格，即光标可以移动的最小距离。Component Grid 设置框中的是 x 和 y 轴方向上元件一次移动的最小距离。Visible Grid 设置框中的是可见栅格的设置。Measurement Unit 设置框中的是测量单位的设置。

② 焊盘属性参数设置：将光标移到需要修改属性的焊盘上，双击鼠标左键将弹出焊盘属性设置对话框，如图 13-42 所示。其中包括基本参数（焊盘孔径、旋转角度、位置），属性参数（焊盘编号、焊盘所在层、网络、锁定焊盘位置、焊盘是否作为测试点），以及焊盘类型、尺寸和形状。

③ 导线设置：双击导线，将弹出属性对话框，可对导线的宽度、所在层以及网络进行设置。

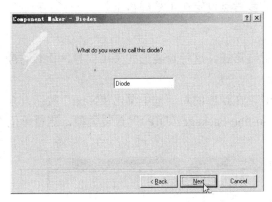

图 13-40　元件命名

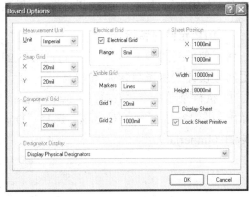

图 13-41　封装库参数设置对话框

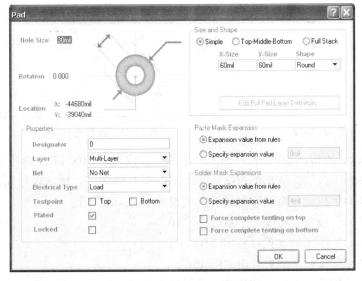

图 13-42　焊盘属性设置对话框

④ 元件规则检查设置：执行菜单命令"Report→Component Rule Check"，弹出如图 13-43 所示的对话框。

其中 Duplicate 分组框有 Pads（检查是否存在编号相同的焊盘），Primitives（检查是否存在同名的电气符号），Footprints（检查封装库中是否存在同名的封装形式）等。

Constraints 分组框有 Shorted Copper（检查是否存在短路的电气连接），Unconnected Copper（检查是否存在未和焊盘连接的覆铜区）， Offset Component Reference（检查是否存在设置了封装参考点），Check All Components（检查当前封装库文件中所有的元件封装）等。

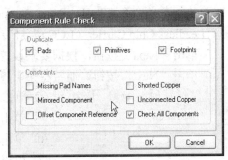

图 13-43　元件规则检查设置对话框

（2）手工绘制元件封装

基本方法与 Protel 99 SE 相同，这里不再讲述。需要注意的是要设置封装参考点。执行菜单命令"Edit→Set Reference→Pin1",则封装的参考点设定在1号焊盘上。

2. DIP 元件封装设计

通常使用的封装IC采用双列直插DIP的封装形式。这种封装形式采用向导,比较方便。利用向导设计变压器封装如图13-44所示。

① 执行菜单命令"Tools | New Component",在弹出的对话框中单击"Next"按钮,系统将弹出如图13-45所示的对话框。选择"Dual in-line Package(DIP)"封装类型,测量单位选择英制(Imperial)。

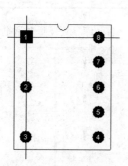

图13-44 变压器的封装

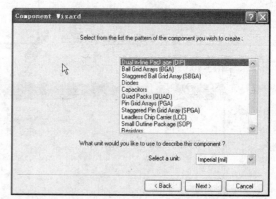

图13-45 封装类型对话框

② 单击"Next"按钮,将焊盘在所有工作层的外径设置为"100mil",内径设置为"50mil"。
③ 单击"Next"按钮,从图可知纵向焊盘间距为"200mil",横向焊盘间距为"600mil"。
④ 单击"Next"按钮,将丝印层导线宽度设置为"5mil"。
⑤ 单击"Next"按钮,将脚的个数改为"10"。
⑥ 单击"Next"按钮,设置封装名"BYQ"。
⑦ 单击"Next"按钮,然后单击"Finish"。
⑧ 将所得元件封装进行相应的修改,最后保存即可。

3. SQL 元件封装设计

下面以LCC68封装的创建为例,了解SQL元件封装的创建方法。

① 执行菜单命令"Tools→New Component",在弹出的对话框中单击"Next"按钮,然后选择"Leadless Chip Carrier(LCC)"封装类型。
② 单击"Next"按钮,根据要求设置焊盘的长度和宽度。
③ 单击"Next"按钮,通常将第1脚选择为圆角焊盘,其他焊盘均选择方形。

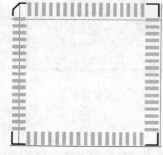

图13-46 LCC68封装

④ 单击"Next"按钮,设置丝印导线宽度。
⑤ 单击"Next"按钮,此处保持默认设置。
⑥ 单击"Next"按钮。
⑦ 单击"Next"按钮,根据实际引脚数目和分布修改图中的值。此处都设为17。
⑧ 单击"Next"按钮,命名为"LCC68"。
⑨ 单击"Next"按钮,再单击"Finish"完成,如图13-46所示。最后记住进行元件规则检查和保存。

13.6 Protel DXP 中电路的仿真

13.6.1 仿真程序新特点

学到这里，大家已经对 Protel DXP 工作界面比较熟悉了，因此这里主要讲一下 Protel DXP 中电路的仿真与 Protel 99 SE 的不同之处。它的电路仿真功能基本上与 Microsin 公司的 "PSPICE" 兼容。

Protel DXP 电路仿真程序具有以下特点。

① 简单的编辑环境。仿真电路的编辑环境其实就是原理图设计的编辑环境。与原理图编辑相比，唯一的区别在于仿真电路中的所有元器件必须具有仿真属性。

② 提供各种各样的仿真器件。仿真器件库中包括数十种仿真激励源、5800 多种仿真器件，可以对模拟电路、数字电路以及模数混合电路进行仿真。

③ 提供多种仿真方式。仿真软件提供工作点分析（Operating Point Analysis），瞬态特性分析（Transient Analysis）等十多种仿真方式。不同的仿真方式从不同角度对电路的各种电气特性进行仿真，设计者可以根据具体电路的需要确定使用哪一种或同时选择哪几种仿真方式。选择的仿真方式越多，仿真程序的计算量就越大，计算机运行仿真过程的时间就越长。

④ 仿真结果直观。仿真电路的输出结果以图形方式输出，当激活多个结点信号时，就好像同时使用多个示波器来观测电路中的多个测试点。

⑤ 方便的仿真器件。与 Protel 99 SE 不一样，除了仿真激励源和电源之外，Protel DXP 不为仿真元件提供专用的仿真器件库，只要原理图元件库中带 Simulation 属性的元件都是仿真元件。

13.6.2 电路仿真的一般步骤

1. 编辑仿真原理图

在原理图编辑环境下的操作和前面讲到的普通原理图的编辑方式基本相同，但是仿真原理图中所使用的元器件都必须具有 Simulation 属性。

2. 修改仿真元器件参数

放置仿真元器件之后，必须对这些元器件的属性参数进行修改，例如三极管的放大倍数、变压器的原副端匝数比等。此外，元器件的标称值（例如电阻阻值、电容值等）很重要，它在仿真原理图中影响仿真的输出波形。事实上，进行电路仿真的目的常常就是为了确定这些值的大小。

3. 设置仿真激励源

在 Protel 99 SE 中已经讲过，对于仿真电路来讲，仿真激励源其实就是输入信号。仿真测试电路中必须至少包含一个激励源，常用激励源在第 10 章讲过。在无其他激励源的情况下，仿真电源既是工作电源，又是仿真激励源。放置好仿真激励源之后，需要根据实际电路的要求修改其属性参数，例如激励源的电平幅值、脉冲宽度、上升沿和下降沿的时间等。

4. 放置结点网络标号

为了便于观测，常在需要观察电压波形的结点上放置结点网络标号，放置的方法和普通原理图中网络标号的放置方法相同。

5. 设置仿真方式及参数

这一步往往被初学者遗忘。虽然不同的仿真方式可以得到类似的仿真结果，但是设计者必须根据具体电路的仿真目的选择仿真方式，不同仿真方式下会有不同的仿真参数设置窗口。正确设置这些窗口中的参数才能保证仿真的正常运行，得到最好的仿真结果。设置好这些仿真方式及参数，原理图才算真正完成了。

6. 执行仿真操作

设置所有参数后，在原理图编辑窗口执行菜单命令 "Des-ign→Simullate→Mixed Sim"，即可启动仿真操作。如果仿真原理图中有错误，仿真软件则会自动中断仿真，弹出仿真错误信息报表（Messages）对话框；分析出错原因且在仿真原理图中改正过来，直到仿真原理图没有错误为止。如果仿真原理图正确无误，不久屏幕就会弹出仿真结果。仿真结果自动存放在同名的 "*.sdf" 文件中。

7. 仿真结果分析及处理

如果对仿真结果比较满意，则仿真器件的参数值基本合理；如果不满意，则修改仿真器件参数值以及仿真方式参数，重新执行仿真操作，直到得到设计者所期望的仿真结果为止。在仿真结果文件（*.sdf）中，可以设置显示或隐藏某个波形。

13.6.3 仿真元器件的设置

仿真元器件在仿真以前是要进行设置的，这里以电阻、电容为例来说明。在浏览区内选择 "Miscellaneous Devices. IntLib" 仿真元件库。

① 先找一个电阻，如图 13-47 中信息栏（鼠标指针处）表明该元件具有 Simulation 属性，即可用做仿真原理图元件，放置到原理图编辑窗口内。在编辑区内双击该电阻符号，弹出如图 13-48 所示的属性设置对话框。按对话框中的内容进行设置，假设电阻值为 2kΩ

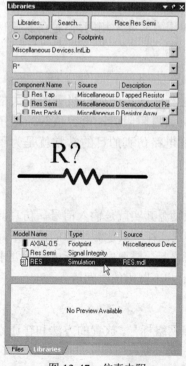

图 13-47 仿真电阻

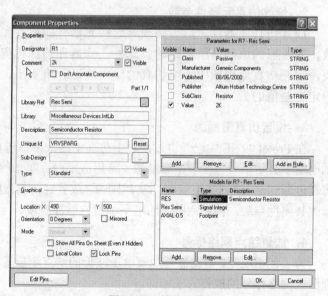

图 13-48 设置仿真电阻

（也可以不输入单位）。图 13-48 中，有两处地方需要填写电阻阻值，其中左边"Properties"框中的"Comment"选项起标识作用，真正对仿真操作起作用的是右边分组框中的"Value"选项。

② 在"Miscellaneous Devices．IntLib"元件库中选择"CAP Poll"元件，放置到编辑窗口，可以发现这是一个电解电容的符号。在编辑窗口中双击它，弹出如图 13-49 所示的属性设置对话框。按对话框中的内容进行设置，电容设为 0.01μF。在图 13-49 中将光标移到"Simulation"选项栏上，双击鼠标左键或者单击"Edit"按钮，弹出如图 13-50 所示的对话框。在图 13-50 中单击"Parameters"选项卡，如图 13-51 所示。在该对话框中设置初始时刻电容端电压 IC 为"0V"。

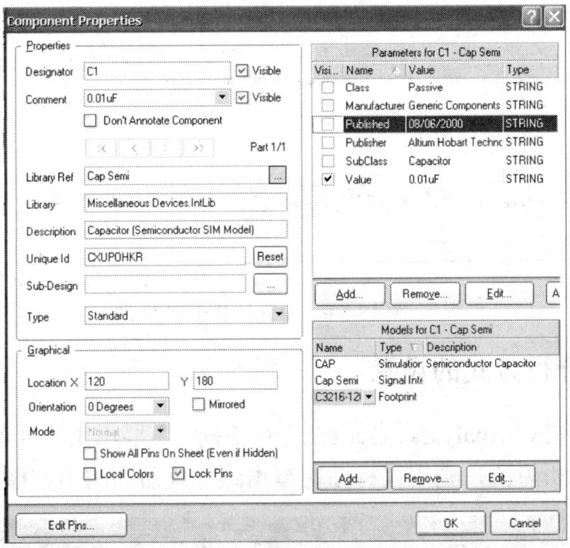

图 13-49 设置仿真电容

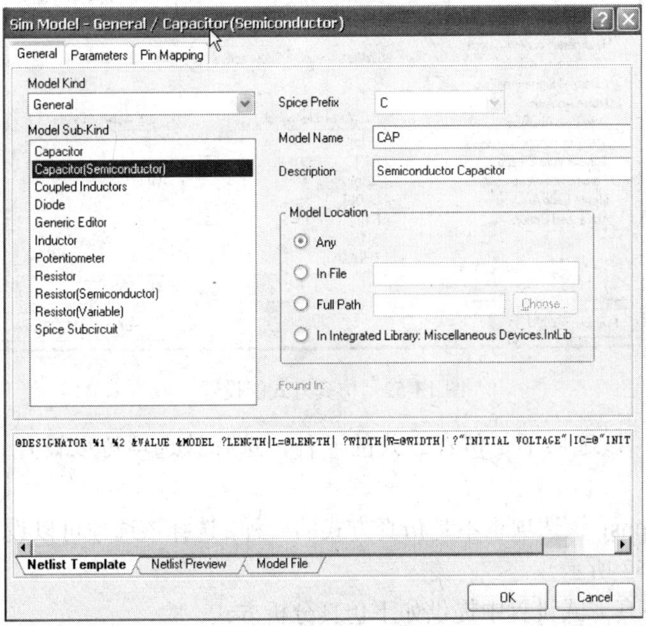

图 13-50 设置仿真电容属性

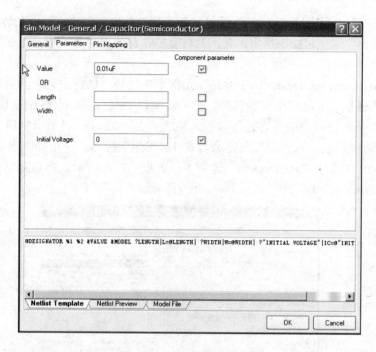

图 13-51　设置仿真电容参数

13.6.4　仿真分析方式的设置

如图 13-52 所示的"Analyses / Options"对话框，主要用来选择希望使用的仿真方式。如果希望采用工作点分析方式，则用鼠标左键单击该方式后面的小方框。

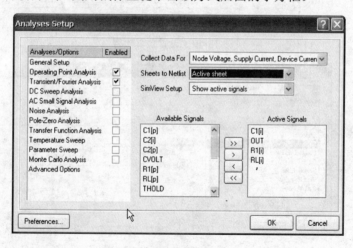

图 13-52　仿真方式的设置

General Setup：该选项不是仿真方式的一种，选择该选项可以设置各种仿真方式的公共参数。

Advanced Options：该选项也不是仿真方式的一种，选择该选项可以设置仿真方式高级设置的内容（如图 13-53 所示）。

Protel DXP 的仿真方式设置中提供如下仿真分析方式。

Operating Point Analysis：工作点分析。

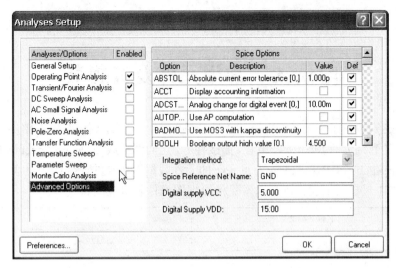

图 13-53　高级仿真设置

Transient/Fourier Analysis：瞬态特性/傅里叶分析。

AC Small Signal Analysis：交流小信号分析。

DC Sweep：直流分析。

Noise Analysis：噪声分析。

Transfer Function：传递函数分析。

Temperature Sweep：温度扫描分析。

Parameter Sweep：参数扫描分析。

Monte Carlo Analysis：蒙特卡罗分析。

习 题 十 三

13-1　认识与熟悉 Protel DXP 集成环境界面和各项功能。

13-2　Protel DXP 重新完成习题一、习题二原理图设计，并与 Protel 99 SE 对比异同。

13-3　Protel DXP 完成习题九原理图元件的设计。

13-4　Protel DXP 重新设计习题五 PCB 板设计并与 Protel 99 SE 对比异同。

13-5　Protel DXP 封装向导程序完成习题九或新的器件封装（PCB 元件封装）的设计。

13-6　Protel DXP 完成习题十原理图的仿真。

附录A 常用元件及其封装

在 Protel 的安装目录下的"Library\Sch"子目录中，含有绘制电路原理图所需的元件库。对于一些常用的普通元件，如电阻、电容、插接件等，它们都被放在"Miscellaneous Devices.ddb"中。在"Library\Pcb\ PCB Footprint"目录下的元件数据库所含的元件库中，含有绝大部分的表面贴装的 PCB 封装。下表将列举出常见的原理图元件和对应的封装。

序号	元件名称（英文）	元件封装
1	电阻（RES1）	AXIAL0.3-1.0（视情况而定）
图例	 RES1	 AXIAL0.3
2	电阻（RES2）	AXIAL0.4-1.0（视情况而定）
图例	 RES2	 AXIAL0.4
3	电阻（RES3）	AXIAL0.6-1.0（视情况而定）
图例	 RES3	 AXIAL0.6
4	电阻（RES4）	AXIAL0.8-1.0（视情况而定）
图例	 RES4	 AXIAL0.8
5	继电器（RELAY-SPST）	自制元件封装
图例	 RELAY-SPST	根据实物量制
6	继电器（RELAY-SPDT）	自制元件封装
图例	 RELAY-SPDT	根据实物量制
7	继电器（RELAY-DPDT）	自制元件封装
图例	 RELAY-DPDT	根据实物量制
8	继电器（RELAY-DPST）	自制元件封装
图例	 RELAY-DPST	根据实物量制

序号	元件名称（英文）	元件封装
9	可调电阻（POT1）	VR1-VR5
图例		
10	可调电阻（POT2）	VR1-VR4
图例		
11	发光二极管（PHOTO）	DIODE0.4-0.7
图例		
12	光耦（OPTOISO1）	DIP4
图例		
13	光耦（OPTOISO2）	DIP6
图例		
14	电容（CAP）	RAD0.2-0.4（视情况而定）
图例		
15	电解电容（CAPACITOR）	RB.3/.6-.5/1.0（视情况而定）
图例		
16	电解电容（CAPACTCOR FEED）	RB.2/.4-.5/1.0（视情况而定）
图例		
17	电解电容（CAPACTCOR POL）	RB.4/.8-.5/1.0（视情况而定）
图例		
18	可调电容（CAPVAR）	RAD0.1-0.2（视情况而定）
图例		

序号	元件名称（英文）	元件封装
19	晶振（CRYSTAL）	XTAL1
图例	CRYSTAL	XTAL1
20	与门（AND）	DIP14
图例	1 2 3 AND	DIP14
21	电解电容（ELECTRO1）	RB.2/.4-.5/1.0（视情况而定）
图例	ELECTRO1	RB.2/.4
22	电解电容（ELECTRO2）	RB.3/.6-.5/1.0（视情况而定）
图例	ELECTRO2	RB.3/.6
23	保险（FUSE1）	FUSE
图例	FUSE1	FUSE
24	保险（FUSE2）	FUSE
图例	FUSE2	FUSE
25	电感（INDUCTOR）	自制元件封装
图例	INDUCTOR	根据实物量制
26	电感（INDUCTOR IRON）	自制元件封装
图例	INDUCTOR IRON	根据实物量制
27	电感（INDUCTOR IRON1）	自制元件封装
图例	INDUCTOR IRON1	根据实物量制
28	电感（INDUCTOR ISOLATED）	自制元件封装
图例	INDUCTOR ISOLATED	根据实物量制

序号	元件名称（英文）	元件封装
29	电感（INDUCTOR VAR）	自制元件封装
图例	INDUCTOR VAR	根据实物量制
30	电感（INDUCTOR VARIABLE IRON）	自制元件封装
图例	INDUCTOR VARIABLE IRON	根据实物量制
31	电感（INDUCTOR1）	自制元件封装
图例	INDUCTOR1	根据实物量制
32	电感（INDUCTOR2）	自制元件封装
图例	INDUCTOR2	根据实物量制
33	电感（INDUCTOR3）	自制元件封装
图例	INDUCTOR3	根据实物量制
34	电感（INDUCTOR4）	自制元件封装
图例	INDUCTOR4	根据实物量制
35	灯（LAMP）	自制元件封装
图例	LAMP	根据实物量制
36	灯（LAMP NEON）	自制元件封装
图例	LAMP NEON	根据实物量制
37	发光二极管（LED）	DIODE0.4-0.7（视情况而定）
图例	LED	DIODE0.4
38	表头（METER）	自制元件封装
图例	METER	根据实物量制

序号	元件名称（英文）	元件封装
39	麦克风（MICROPHONE1）	自制元件封装
图例	MICROPHONE1	根据实物量制
40	麦克风（MICROPHONE2）	自制元件封装
图例	MICROPHONE2	根据实物量制
41	与非门（NAND）	DIP14
图例	NAND	DIP14
42	异或门（NOR）	DIP14
图例	NOR	DIP14
43	非门（NOT）	DIP14
图例	NOT	DIP14
44	三极管（NPN）	TO 系列
图例	NPN	TO-18
45	达林管（NPN DAR）	TO 系列
图例	NPN DAR	TO-39
46	光敏二极管（NPN-PHOTO）	SIP 系列
图例	NPN-PHOTO	SIP2
47	运放（OPAMP）	DIP 系列
图例	OPAMP	DIP8

序号	元件名称（英文）	元件封装
48	单向可控硅（SCR）	自制元件封装
图例	SCR	根据实物量制
49	扬声器（SPEAKER）	自制元件封装
图例	SPEAKER	根据实物量制
50	双向开关（SW-DPST）	自制元件封装
图例	SW-DPST	根据实物量制
51	按键（SW-PB）	自制元件封装
图例	SW-PB	根据实物量制
52	变压器（TRANS1）	自制元件封装
图例	TRANS1	根据实物量制
53	双向可控硅（TRIAC）	自制元件封装
图例	TRIAC	根据实物量制
54	稳压管（ZENER1）	DIODE0.4-0.7
图例	ZENER1	DIODE0.4
55	稳压管（ZENER2）	DIODE0.4-0.7
图例	ZENER2	DIODE0.7
56	稳压管（ZENER3）	DIODE0.4-0.7
图例	ZENER3	DIODE0.4

序号	元件名称（英文）	元件封装
57	二极管（DIODE）	DIODE0.4-0.7
图例	DIODE	DIODE0.7
68	数码管（DPY_7-SEG_DP）	自制元件封装
图例	DPY_7-SEG_DP	根据实物量制
61	电桥（BRIDGE1）	自制元件封装
图例	BRIDGE1	根据实物量制
62	电桥（BRIDGE2）	自制元件封装
图例	BRIDGE2	根据实物量制
63	电源稳压器 78 系列	TO-126（小功率）
图例	7805	TO-126
64	电源稳压器 79 系列	TO-220（大功率）
图例	7905	TO-220

附录 B 常用原理图元器件归类列表

下表归类列出了在 Protel 99 SE 中常用原理图中的元器件图。

高频线接插器 RCA 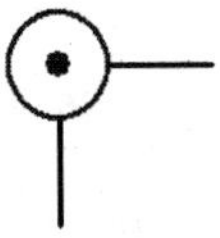	天线 ANTENNA 	电源 BATTERY 	电铃 BELL 	高频线接插器 BNC 
缓冲器 BUFFER 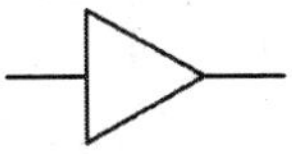	蜂鸣器 BUZZER 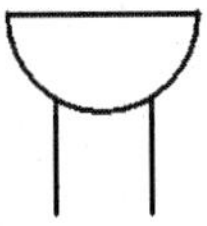	带屏蔽电缆进线器 COAX 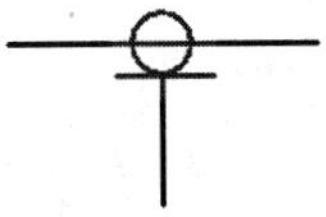	保险丝 FUSE1 	保险丝 FUSE2 
地 	电灯 LAMP 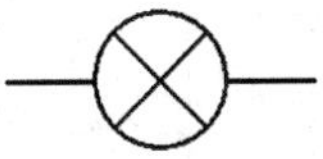	表头 METER 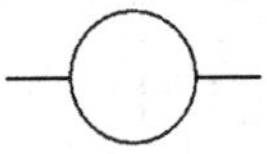	麦克风（话筒） MICROPHONE2 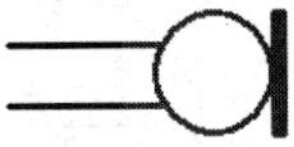	氖灯 NEON 
与门 AND 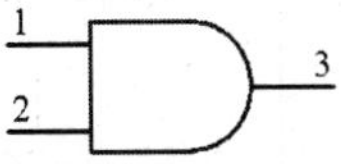	非门 NOT 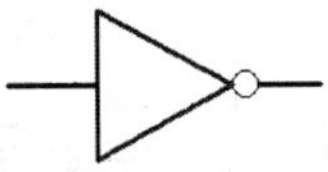	或门 OR 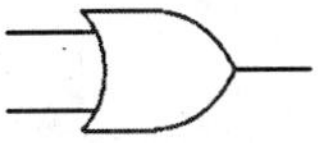	与非门 NAND 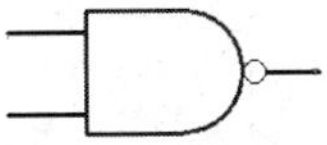	异或门 NOR 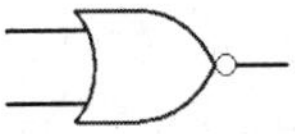
耳机插座 PHONEJACK1 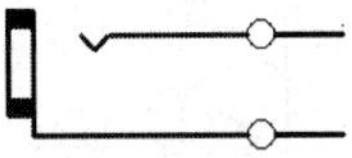	双声道耳机插座 PHONEJACK2 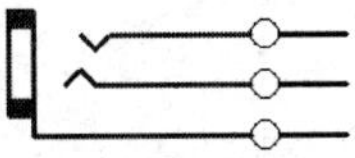	耳机插头 PHONEPLUG1 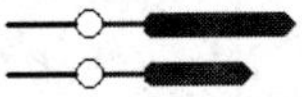	双声道耳机插座 PHONEPLUG2 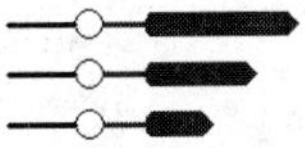	耳机插头 PHONEPLUG3 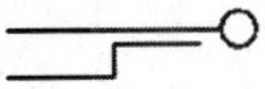
电器插头 PHONEPLUG 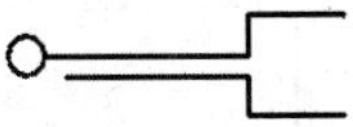	电气插头 PLUGSOCKET 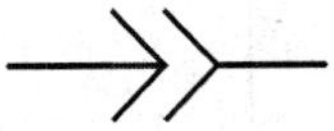	电气插座 SOCKET 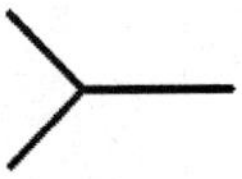	扬声器 SPEAKER 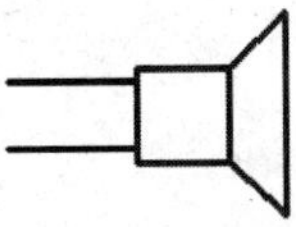	单刀单掷开关继电器 RELAY-SPST 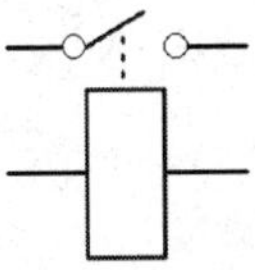

单刀双掷开关继电器 RELAY-SPDT	双刀双掷开关继电器 RELAY-DPST	双刀多掷开关继电器 RELAY-DPDT	按键开关 SW-PB	单刀单掷开关 SW-SPST
单刀双掷开关 SW-SPDT	双刀单掷开关 SW-DPST	双刀双掷开关 SW-DPDT	石英晶体 CRYSTAL	四路电子开关 SW-DIP4
六路按钮转换开关 SW-6WAY	四路拨动开关 SW DIP-4	三端集成稳压块 VOLTREG	整流电桥 BRIDGE1	内封装整流电桥 BRIDGE2
NPN 型晶体三极管 NPN	PNP 型晶体三极管 PNP	N 沟道结型场效应管 JFET-N	P 沟道结型场效应管 JFET-P	PNP 型光敏三极管 PNP-PHOTO
NPN 型光敏三极管 NPN-PHOTO	N 型单结晶体管 UNIJUNC-N	P 型单结晶体管 UNIJUNC-P	二极管 DIODE	光敏二极管 PHOTO

可控硅整流器 SCR	三端双向可控硅开关 TRIAC	遂道二极管 TUNNEL	齐纳二极管 ZENER1	VCC
VDD	VSS	+5V	-5V	+12V
-12V	光电隔离开关（发光二极管+三端可控硅型） OPTOTRIAC		光电隔离开关（发光二极管+光敏三极管型） OPTOISO1	
+15V	光电隔离开关（发光二极管+光敏二极管型） OPTOISO2		运算放大器 OPAMP	异或非门 XNOR
N 沟道金属氧化物半导体场效应管 MOSFET-N1			无极性电容器 CAP	
双栅型 N 沟道金属氧化物半导体场效应管 MOSFET-N2		增强型 N 沟道金属氧化物半导体场效应管 MOSFET-N3		无极性可调电容器 CAPVAR

耗尽型 N 沟道金属氧化物半导体场效应管 MOSFET-N4	P 沟道金属氧化物半导体场效应管 MOSFET-P1	有极性电容器 ELECTRO1

双栅型 P 沟道金属氧化物半导体场效应管 MOSFET-P2	增强型 P 沟道金属氧化物半导体场效应管 MOSFET-P3	有极性大电容器 ELECTRO2

耗尽型 P 沟道金属氧化物半导体场效应管 MOSFET-P4	电感器线圈 INDUCTOR1	带磁芯电感器线圈 INDUCTOR2	可调电感器线圈 INDUCTOR3

带磁芯可调电感器线圈 INDUCTOR4	电阻器 RES1	电阻器 RES2	可调电阻器 RES3	可调电阻器 RES4

可调电位器 POT1	可调电位器 POT2	八单元内封装集成电阻器之一 RESPACK1	带铁芯变压器 TRANS1

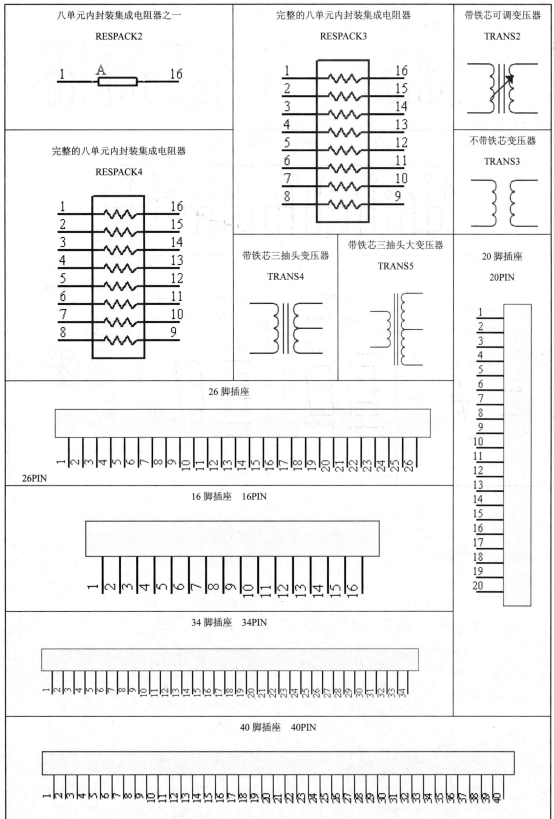

八单元内封装集成电阻器之一
RESPACK2

完整的八单元内封装集成电阻器
RESPACK3

带铁芯可调变压器
TRANS2

不带铁芯变压器
TRANS3

完整的八单元内封装集成电阻器
RESPACK4

带铁芯三抽头变压器
TRANS4

带铁芯三抽头大变压器
TRANS5

20 脚插座
20PIN

26 脚插座
26PIN

16 脚插座　16PIN

34 脚插座　34PIN

40 脚插座　40PIN

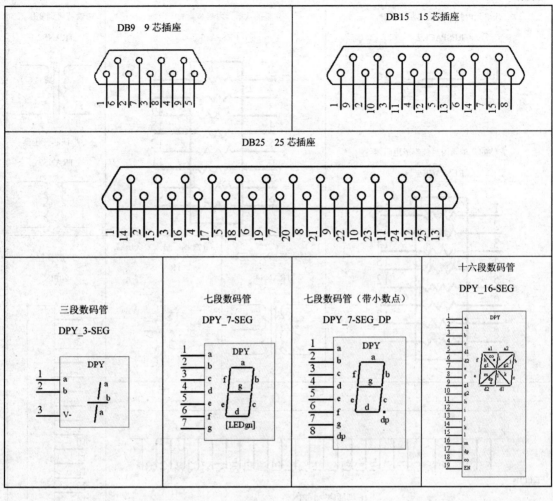

附录 C 常用 PCB 封装元器件归类列表

1. 普通元件的 PCB 封装

"\Library\Pcb\Generic Footprints"目录下的元件数据库所含的元件库中含有大部分的普通元件的 PCB 封装。

（1）Miscellaneous.ddb（库中含有电阻，电容，二极管等常用元件的封装）

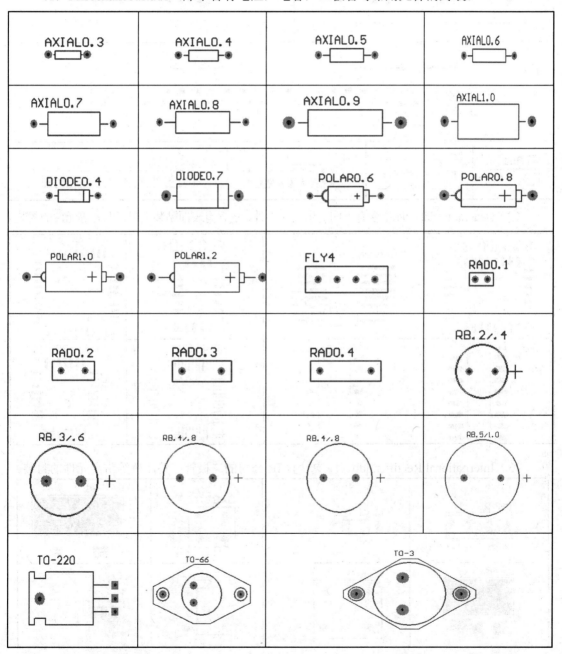

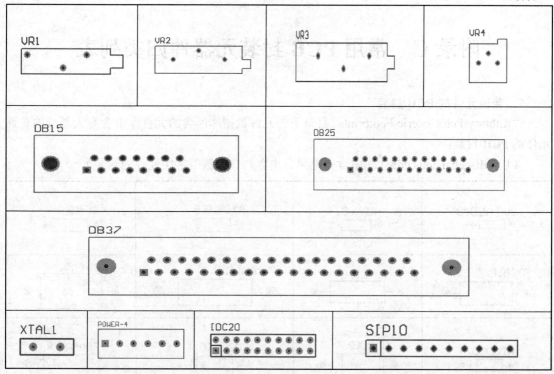

（2）General IC.ddb（库中含有下图所示的元件外，还含有表面贴装电阻，电容等元件的封装）

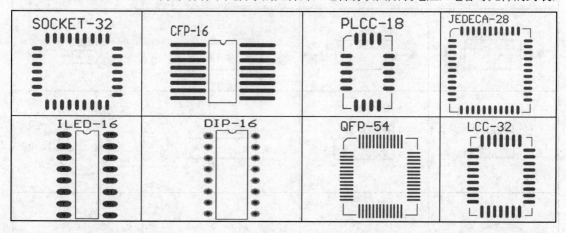

（3）International Rectifier.ddb（库中含有 IR 公司的二极管，整流桥等常用元件的封装）

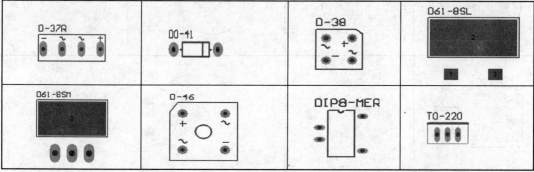

（4）Transistors.ddb（库中有晶体管元件的封装）

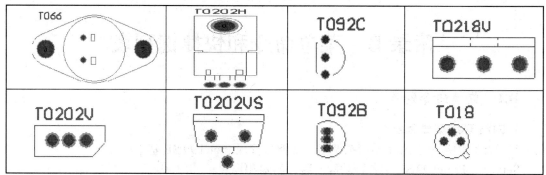

（5）PGA.ddb（库中含有 PGA 封装，由读者自己查看库中图形，此处省略）

（6）Transformers.ddb（库中含有变压器元件的封装，由读者自己查看库中图形，此处省略）

2. 接插件元件的 PCB 封装

"\Library\Pcb\Connectors"目录下的元件数据库所含的元件库中含有大部分的接插件元件的 PCB 封装。

（1）Type Connectors.ddb（含有并、串口类接口元件的封装）

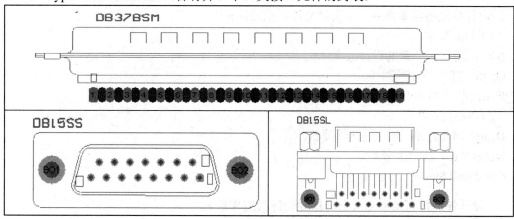

（2）Headers.ddb（含有各种插头元件的封装）

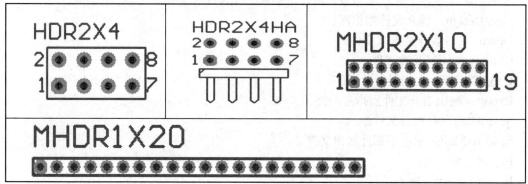

3. 表面贴装元件的 PCB 封装

"\Library\Pcb\IPC Footprints"目录下的元件数据库所含的元件库中含有大部分的表面贴装元件的 PCB 封装（由读者自己查看库中图形，此处省略）。

附录 D 菜单命令和快捷键列表

D.1 菜单命令列表

1. EDA 环境菜单命令

该菜单使用屏幕左上角的箭头调用，功能是管理 Protel 99 SE 基本环境。

Servers：Protel 99 SE 中各种功能安装、删除和设置。

Customize：定义菜单、快捷键和工具按钮以及它们之间的关系。

Preferences：设置 Protel 99 SE 原始环境，例如菜单字体等。

Design Utilities：压缩和维修设计数据库。

Run Script：选择且打开已有的设计数据库。

Run Project：运行一个已有的过程。

Security：管理加密锁。

2. 设计管理器菜单命令（没有建立设计数据库前）

（1）File 菜单

New：建立一个新的设计数据库。

Open：打开设计数据库。

Exit：退出 Protel 99 SE 环境。

（2）View 菜单

Design Manager：显示设计管理器。

Status Bar：显示状态条。

Command Status：显示命令条。

3. 设计管理器菜单命令（已经建立设计数据库后）

（1）File 菜单

New：新建各种文件，例如原理图、电路板、元件库等文件。

New Design：建立设计数据库。

Open：打开设计数据库文件。

Close：关闭打开的文件。

CloseDesign：关闭设计数据库。

Export：输出当前文件到指定的路径。

Save All：保存所有文件。

Send To Mail：用电子邮件输出文件。

Import：输入文件。

Import Project：输入项目。

Link Document：连接外部的设计对象。

Find Files：寻找文件。

Properties：显示文件属性。

Exit：退出。

（2）Edit 菜单

Cut：剪切文件。

Copy：复制文件。

Paste：粘贴文件。

Delete：删除文件。

Rename：重命名文件。

（3）View 菜单

Design Manage：显示设计管理器。

Status Bar：显示状态条。

Command Bar：显示命令条。

Tool Bar：显示工具条。

Large Icons：以大图标方式显示文件。

Small Icons：以小图标方式显示文件。

Details：显示文件的详细信息。

Refresh：刷新文件管理窗口。

4. 原理图菜单命令

（1）File 菜单

New：建立新原理图、电路板、原理图元件库，封装库等新文件。

New Design：建立一个新设计。

Open：打开一个已有的设计文件。

Open Full Project：在当前项目中的根图和子图之间转换。

Close：关闭当前。

Close Design：关闭设计数据库。

Import

AutoCAD DWG/DFX：输入 AutoCAD 格式的文件。

PCAD 2000ASC π：输入 PCAD 格式的文件。

Export

Auto CAD DWG/DFX：输出 AutoCAD 格式的文件。

PCAD 2000ASCII：输出 PCAD 格式的文件。

Save：保存当前文件。

Save All：保存所有文件。

Save Copy As：以多种格式保存原理图文件。

Save As：以多种格式保存原理图文件。

Setup printer：设置打印机。

Print：打印原理图。

Exit：退出。

（2）Edit 菜单

Undo：撤销动作。

Redo：恢复动作。

Cut：剪切被选择的对象。

Copy：复制被选择的对象。

Paste：粘贴剪贴板中的对象。

Paste Array：阵列粘贴剪贴板中的对象。

Clear：清除被选择的对象。

Find Text：寻找文本。

Replace Text：代替文本。

Select

    Inside Area：选择光标选择的内部区域。

    Outside Area：选择光标选择的外部区域。

    All：选择所有区域。

    Net：选择网络。

    Connection：选择连接。

Deselect

    Inside Area：取消鼠标选择的内部区域。

    Outside Area：取消鼠标选择的外部区域。

    All：取消所有选择。

Toggle Selection：用鼠标选择或取消选择。

Delete：删除对象。

Change：编辑对象属性。

Move

    Drag：拖动对象。

    Move：移动对象。

    Move Selection：移动被选择的对象。

    Drag Selection：拖动被选择的对象。

    Move To Front：将对象带到所有对象的前面。

    Send To Back：将对象送到所有对象后面。

    Bring To Front of：将对象送到另一个对象前面。

    Send To Back of：将对象送到另一个对象后面。

Align

    Align：对准。

    Align Left：向左侧对准。

    Align Right：向右侧对准。

    Center Horizontal：向中间水平对准。

    Distribute Horizontal：水平均匀分布。

    Align Top：向顶端对准。

    Align Bottom：向底端对准。

    Center Vertical：向中间垂直对准。

    Distribute Vertically：垂直均匀分布。

Jump

    Jump To Error Marker：跳跃到错误标记。

    Origin：跳跃到原点。

New Location：跳跃到一个新位置。

Location Mark l~10：跳跃到位置 1~10 中指定的一个。

Set Location Marks

Location Mark l~10：设置跳跃标志 1~10 中指定的一个。

Increment Part Number：增加多元件芯片的元件序号。

Export To Spread：输出和显示原理图对象的列表。

（3）View 菜单

Fit Document：显示全图。

Fit All Objects：显示所有对象。

Area：显示鼠标选择的区域。

Around Point：显示鼠标选定某点周围的区域。

50％，100％，200％，400％：将屏幕放大到 50％，100％，200％，400％。

Zoom In：放大。

Zoom Out：缩小。

Pan：以鼠标为中心，确定屏幕中心。

Refresh：刷新屏幕。

Design Manager：显示设计管理器。

Status Bar：显示或关闭状态条。

Command Status：显示或关闭命令提示条。

Toolbar：显示或关闭命令工具条。

Main Tools：主工具条。

Wiring Tools：放置（画线）工具箱。

Drawing Tools：画图工具箱。

Power Objects：电源／地线工具箱。

Digital Objects：数字元件工具箱。

Simulation Sources：仿真电源工具箱。

PLD Toolbar：PLD 工具条。

Customize：定制所需要的工具箱。

Visible Grid：使能或取消可视栅格。

Snap Grid：使能或取消捕捉栅格。

Electrical Grid：使能或取消电气捕捉栅格。

（4）Place 菜单

Bus：放置总线。

Bus Entry：放置总线接口。

Part：放置元件。

Junction：放置连接点。

Power Port：放置电源地线。

Wire：放置连接导线。

Net Label：放置网络标记。

Port：放置端口。

Sheet Symbol：放置图纸符号。

Add Sheet Entry：放置图纸端口。

Directives：放置指示标记。

No ERC：放置不进行电气规则检查标记。

PCB Layout：设置电路板布线方面的规则，该指示器指示的内容可在电路板布线时起作用，但是需要执行"Design→Update PCB"菜单命令。

Annotation：放置字符串。

Text Frame：放置文本框。

Drawing Tool

Arcs：放置圆弧线。

Elliptical Arcs：放置椭圆弧线。

Ellipses：放置实心椭圆。

Pie Charts：放置扇形图。

Line：画线。

Rectangle：放置矩形。

Round Rectangle：放置圆角矩形。

Polygons：放置多边形。

Beziers：放置任意曲线。

Graphic：放置图片。

Process Container：放置过程容器标志。

（5）Design 菜单

Update PCB：从原理图菜单更新电路版图。

Browse Library：浏览原理图元件库。

Add / Remove Library：向元件库管理窗口中增加和删除元件库。

Make Project Library：创建项目元件库。

Update Parts in Cache：用库中的元件图形更新原理图元件。

Template

Update：更新模板。

Set Template File Name：设置模板文件。

Remove Current Template：删除当前模板。

Create Netlist：创建网络表文件。

Create Sheet From Symbol：从图纸符号建立原理图。

Create Symbol From Sheet：从原理图建立图纸符号。

Options：设置原理图环境。

（6）Tools 菜单

ERC：进行电气规则检查。

Find Component：寻找元件。

Up/Down Hierarchy：层次电路图中根图和子图转换。

Complex To Simple：转换复杂的层次设计到简单设计。

Annotate：元件自动编号。

Back Annotate：按照文件内容对元件编号。

Database Links：使用数据库内容更新原理图。

Process Containers：过程容器。

    Run：运行过程容器。

    Run All：运行所有过程容器。

    Configure：设置过程容器。

Cross Probe：原理图和电路版图交互查找工具。

Select PCB Components：选择与原理图对应的电路板文件。

Preferences：设置原理图画图有关的参数。

（7）Simulate（原理图仿真）

Run：开始仿真。

Sources：仿真用信号源。

    +5 Volts DC：+5V 直流电源。

    −5 Volts DC：−5V 直流电源。

    +12 VoltsDC：+12V 直流电源。

    −12 VoltsDC：−12V 直流电源。

    1kHz Sine Wave：1kHz 正弦波。

    10kHz Sine Wave：10kHz 正弦波。

    100kHz Sine Wave：100kHz 正弦波。

    1MHz SineWave：1MHz 正弦波。

    1kHz Pulse：1kHz 矩形波。

    10kHz Pulse：10kHz 矩形波。

    100kHz Pulse：100kHz 矩形波。

    1MHz Pulse：1MHz 矩形波。

Create SPICE Netlist：建立 SPICE 网络表。

Setup：设置分析功能与开始仿真。

（8）PLD 菜单

Compile：编译 PLD 文件。

Simulate：仿真 PLD 文件。

Configure：设置各种 PLD 参数。

Toggle Pin LOC：切换管脚。

（9）Reports 菜单

Selected Pins：报告已经选择的管脚。

Bill of Material：建立元件列表。

Design Hierarchy：建立层次关系列表。

Cross Reference：建立交叉参考表。

Netlist Compare：比较网络表。

5. 原理图元件库菜单命令

元件库菜单中增加了"Options"菜单，其他菜单中除"Tools"菜单外，基本与原理图菜单相同。

（1）Tools 菜单

New Component：建立新元件。

Remove Component：删除元件。

Rename Component：重命名元件。

Remove Component Name：删除元件名称。

Add Component Name：增加元件名称。

Copy Component：复制元件。

Move Component：在不同元件库中移动元件。

New Part：增加多元件芯片中的新元件。

Remove Part：删除多元件芯片中的元件。

Next Part：选择多元件芯片中的下一个元件。

Prey Pm：选择多元件芯片中的前一个元件。

First Component：选择第一个元件。

Last Component：选择最后一个元件。

Show Normal：显示标准图形。

Show Demorgan：选择 Demorgan 图形。

Show IEEE：选择 IEEE 图形。

Find Component：寻找元件。

Description：给元件添加说明。

Remove Duplicates：删除重复元件。

Update Schematics：用新画的元件更新原理图中的元件。

（2）Option 菜单

Preferences：设置有关元件图的相关参数。

Documents Options：设置画图环境。

（3）Reports 菜单

Component：有关元件的报告。

Library：库状态报告。

Component Rule Check：元件规则检查报告。

6. 电路版图菜单命令

（1）File 菜单

New：建立新文件。

New Design：建立设计数据库。

Open：打开设计数据库。

Close：关闭打开的文件。

Close Design：关闭设计数据库。

Import：输入其他格式的文件。

Export：以其他格式输出文件。

Save：存盘保存。

Save As：以其他格式更名保存。

Save Copy As：以其他格式更名保存。

Save All：保存设计数据库。

CAM Manager：CAM 管理器。

Print/Preview：打印和打印预览。

（2）Edit 菜单

Undo/Nothing to Undo：撤销动作。

Nothing to Redo/Redo：恢复动作。

Cut：剪切。

Copy：复制。

Paste：粘贴。

Paste Special：阵列和圆形粘贴。

Clear：清除被选择的对象。

Select（选择）

    Inside：鼠标指定的区域。

    Outside：鼠标指定区域的外侧。

    All：选择所有对象。

    Net：选择网络。

    Connected Copper：选择铜膜线。

    All on Layer：选择所选层面上所有对象。

    Free Objects：选择所有自由对象。

    All Locked：选择所有锁定的对象。

    Off Grid Pad：选择不在栅格上的焊盘。

    Hole size：按照孔径选择孔。

    Toggle Selection：用鼠标选择或取消选择。

Deselect（取消选择）

    Inside Area：取消鼠标选定区域内部的选择。

    Outside Area：取消鼠标选定区域外部的选择。

    All：取消所有选择。

    All on Layer：取消选定层上的所有选择。

    Free Objects：取消所有自由对象的选择。

    Toggle Selection：用鼠标选择或取消选择。

Query Manager：启动查询管理器。

Delete：删除对象。

Change：编辑对象属性。

Move：移动。

    Move：移动对象。

    Drag：拖动对象。

    Component：移动元件。

    Re-Route：移动铜膜走线。

    Drag Track End：拖动铜膜线端点。

    Move Selection：移动选择的对象。

    Rotate Selection：旋转选择的对象。

    Flip Selection：水平翻转选择的对象。

    Polygon Vertices：移动多边形覆铜的顶点。

    Split Plane Vertices：移动分割版面的顶点。

Origin（原点）

Set：设置原点。

Reset：取消原点。

Jump（跳跃）

Absolute Origin：跳跃到绝对原点。

Current Origin：跳跃到当前原点。

New Location：跳跃到新位置。

Component：跳跃到某元件。

Net：跳跃到某个网络。

Pad：跳跃到某焊盘。

String：跳跃到某字符串。

Error Marker：跳跃到某错误标记。

Selection：跳跃到选择的对象。

LocationMarksl~10：跳跃到位置 1~10 中的一个位置。

SetLocationMarksl~10：设置跳跃位置。

Hole Size Editor：孔径编辑器。

Export to Spread：输出和显示电路板对象列表。

（3）View 菜单

Fit All Objects：显示全部对象。

Fit Board：显示电路板。

Area：显示鼠标指定的面积。

Around Point：显示某点周围的区域。

Selected Object：显示被选择的对象。

Zoom In：放大显示。

Zoom Out：缩小显示。

Zoom Last：按照随后一次显示的比例显示。

Pan：以光标位置为中心显示。

Refresh：刷新屏幕。

Boardin3D：电路板的立体显示。

Design Manager：显示设计管理器。

Status Bar：显示状态条。

Command Status：显示命令条。

Toolbars（工具条）

Main Toolbar：显示或关闭主工具条。

Placement Tools：显示或关闭放置工具。

Component Placement：显示或关闭元件标准工具。

Find Selections：显示或关闭选择寻找工具。

Customize：定制所需要的工具栏。

Connections（显示连接）

Show Net：显示网络。

Show Component Nets：显示元件。

Show All：显示所有对象。

　　　　Hide Net：隐藏网络。

　　　　Hide Component：隐藏元件。

　　　　Hide All：隐藏所有对象。

Toggle Units：切换单位。

（4）Place 菜单

Arc（Center）：以圆心画圆弧。

Arc（Edge）：以边缘画圆弧。

Arc（Any Angle）：任意角度的部分圆弧。

Full Circle：画全圆。

Fill：放置填充。

Line：画线。

String：放置字符串。

Pad：放置焊盘。

Via：放置过孔。

Interactive Routing：放置铜膜线。

Component：放置元件。

Coordinate：放置坐标。

Dimension：放置尺寸线。

Polygon Plane：放置敷铜。

Split plane：分裂平面（需要有内层平面）。

Keepout（放置具有禁止层轮廓线的对象）

　　　Arc（Center）：具有禁止层包围的以中心画的圆弧线。

　　　Arc（Edge）：具有禁止层包围的以边沿画的圆弧线。

　　　Arc（Any Angle）：具有禁止层包围的任意角度圆弧线。

　　　Full Circle：具有禁止层包围的全圆。

　　　Fill：具有禁止层包围的填充。

　　　Line：具有禁止层包围的线段。

　　　String：具有禁止层包围的字符串。

Room：放置元件屋。

（5）Design 菜单

Rules：设置布局、布线等规则。

Load Nets：将网络表调入电路板设计环境。

Netlist Manager：网络表管理器。

Update Schematic：更新原理图。

Layer Stack Manager：电路板层管理器。

Split Planes：管理和建立分裂平台。

Mechanical Layers：机械层管理器。

Classes：类管理器。

From-To Editor：From-To 网络管理器。

Browse Components：浏览元件。

Add/Remove Library：增加和删除元件封装库。

Make Library：收集当前电路板中的封装，建立元件封装库。

Aperture Library：建立、调入和编辑光绘文件。

Options：设置电路板画图环境。

（6）Tools 菜单

Design Rule Check：设计规则检查。

Reset Error Markers：取消错误标记。

Auto Placement（自动布局）

    Auto Place：启动自动布局。

    Stop Auto Placer：停止自动布局。

    Shove：推开元件。

    Set Shove Depth：设置推开深度（次数）。

    Place From File：用文件中数据进行布局。

Interactive Placement（人工交互布局）

    Align：启动对准对话框，进行元件对准操作。

    Align Left：向左对齐。

    Align Right：向右对齐。

    Align Top：向顶部对齐

    Align Bottom：向底部对齐。

    Center Horizontal：向水平的中心对齐。

    Center Vertical：向垂直的中心对齐。

    Horizontal Spacing：水平均匀分布。

    Vertical Spacing：垂直均匀分布。

    Arrange Within Room：在元件屋中排列。

    Arrange within Rectangle：在选择的矩形区域内安排元件。

    Arrange Outside Board：在电路板外侧安排元件。

    Move To Grid：移动对象到栅格。

Un-Route（取消布线）

    All：取消所有布线。

    Net：取消鼠标选择的网络。

    Connection：取消鼠标选择的连接。

    Component：取消鼠标所选元件相关的布线。

Density Map：生成密度图。

Signal Integrity：信号完整性分析。

Re Annotate：对电路板中元件进行重新编号。

Cross Probe：在原理图和电路板之间查找元件。

Layer Stackup Legend：设置图例。

Convert：转换各种对象为自由原形元件或反之。

Teardrops：补泪滴。

Miter Comers：倒斜角。

Equalize Net Lengths：利用 Rules/High Speed/Matched Net Lengths 规则情况。

Outline Selected Objects：给选择的对象增加轮廓。

Find and get Testpoints：寻找和设置实验点。

Clear All TestPoints：清除所有的实验点。

Preference：设置画电路版图有关的参数。

（7）Auto Route 菜单

All：布线器自动对全电路板布线。

Net：对鼠标选择的网络进行布线。

Connection；对鼠标选择的连接进行布线。

Component：对鼠标选择的元件进行布线。

Area：对鼠标选择的区域进行布线。

Setup：设置布线参数。

Stop：停止自动布线。

Reset：复位自动布线器。

Pause：暂停布线。

Restart：重新开始布线。

Specctra Interface：与 Specctra 布线软件的接口文件输入与输出。

（8）Reports 菜单命令

Selected Pins：显示被选择的焊盘。

Board Information：报告电路板信息。

Design Hierarchy：设计文件的关系列表。

Netlist Status：网络状态列表。

Signal Intergrity：信号完整性报告。

Measure Distance：测量距离。

Measure Primitives：测量任意两个自由原形对象之间的距离。

7. 元件封装菜单命令

元件封装库菜单中的大部分菜单功能与电路版图设计环境中菜单相同。除此之外，按照元件封装的特点还增加了如下所示菜单。

（1）Edit 菜单

在 Edit 菜单中增加了元件复制和粘贴的菜单命令。

Copy Component：复制封装。

Paste Component：粘贴封装。

（2）Tools 菜单

New Component：启动封装向导，画元件封装图。

Remove Component：删除元件封装。

Rename Component：重新命名元件封装。

Next Component：选择下一个元件封装。

Prey Component：选择前一个元件封装。

First Component：选择第一个元件封装。

Last Component：选择最后一个元件封装。

Layer Stack Manager：启动电路板层次管理器。

Mechanical Layers：启动机械层管理器。

Library Options：元件封装设计环境设置。

Preference：元件封装设计参数设置。

（3）Reports 菜单

Library Status：报告当前封装状态。

Component：封装情况报告。

Component Rule Check：封装规则检查。

Library：封装库情况报告。

Measure Distance：测量任意鼠标两次单击位置的距离。

Measure Primitive：测量任意两个自由原形对象之间的距离。

D.2　快捷键列表

1．常用原理图命令快捷键

PgUp：放大视图。

PgDn：缩小视图。

Home：以光标为中心重画视图。

End：刷新视图。

Tab：被放置的对象在悬浮状态时，进行属性设置。

Spacebar：被放置的对象在悬浮状态时，旋转 90 度。

X：被放置的对象在悬浮状态时，水平镜像翻转。

Y：被放置的对象在悬浮状态时，垂直镜像翻转。

Ees：结束正在执行的操作。

Ctrl-Tab：在 Protel 99 SE 设计环境中进行多个打开文件之间的切换。

Alt-Tab：在 Windows 操作系统中对多个打开的程序之间进行切换。

Ctrl+Backspace：恢复操作。

Alt+Backspace：撤销操作。

Ctrl+PgUp：全屏幕显示电路及所有对象。

Ctrl+Home：将光标跳到坐标原点。

Shift+Insert：粘贴（Paste）。

Ctrl+Insert：复制（Copy）。

Shift+Delecte：剪切（Cut）。

Ctrl+Delecte：删除。

键盘左箭头：光标左移一个栅格。

键盘右箭头：光标右移一个栅格。

键盘下箭头：光标下移一个栅格。

键盘上箭头：光标上移一个栅格。

Shift+键盘左箭头：光标左移十个栅格。

Shift+键盘上箭头：光标上移十个栅格。

Shift+键盘下箭头：光标下移十个栅格。

Shift+键盘右箭头：光标右移十个栅格。

按住鼠标左键拖动：移动对象。

Ctrl+按住鼠标左键拖动：拖动对象。

鼠标左键双击：编辑对象属性。

鼠标左键：使对象成为浮动状态。

F1：启动帮助菜单。

2．常用电路版图命令快捷键

L：弹出电路板设置（Design/Options）。

Q：切换测量单位。

Ctrl+G：弹出捕捉栅格设置对话框。

Ctrl+H：相当于执行：Edit/Select/Physical Net 命令。

Ctrl+Z：放大鼠标选择的区域。

PgUp：放大视图。

PgDn：缩小视图。

Ctrl+PgUp：放大到最大。

Ctrl+PgDn：缩小到全电路板。

Shift+PgUp：逐级放大视图。

Shift+PgDn：逐级缩小视图。

End：刷新视图。

Esc：结束操作。

Ctrl +Ins：复制。

Ctrl+Del：删除选择的对象。

Shift+Ins：粘贴。

Shift+Del：剪贴。

Alt+Backspace：撤销操作。

Ctrl+Backspace：恢复操作。

*：在信号层间切换（小键盘）。

+和-：在所有电路板层之间切换（小键盘）。

Shift+R：在推开走线、阻挡走线和躲避走线模式之间切换。

键盘左箭头：光标左移一个栅格。

键盘上箭头：光标上移一个栅格。

键盘下箭头：光标下移一个栅格。

键盘右箭头：光标右移一个栅格。

Shift+键盘左箭头：光标左移十个栅格。

Shilt+键盘上箭头：光标上移十个栅格。

Shift+键盘下箭头：光标下移十个栅格。

Shift+键盘右箭头：光标右移十个栅格。

F1：启动帮助。

按住鼠标右键：鼠标变成手形，可以移动屏幕。

鼠标左键双击：编辑对象属性。

鼠标左键：使对象成为浮动状态。

附录 E 印制电路设计基础

E.1 印制电路板（PCB 板）概述

印制电路制造技术是在综合和引用其他工业技术的基础上发展起来的。尽管印制电路不是印出来的，但其原图照相，感光胶的使用，蚀刻铜箔图形工艺都是引用印制工业的照相蚀刻工艺。随着电子工业的发展，印制电路工艺技术水平也在逐渐提高，随着新工艺、新技术、新设备的不断出现，它已具有一些独特的工艺技术和一些专用设备，例如抗蚀干膜的应用，紫外光图印料，热风整平技术等。所有这些技术、设备的发展，形成了自身的生产体系。

E.1.1 名词术语

印制电路：在绝缘基材的表面，按预定的设计，用印制的方法制成印制线路、印制元件或者两者组合的电路称为印制电路。其成品板亦称印制线路板（PCB），简称印制板。它也是以任何方式实现电气互连系统，制造印制板这门技术的通用术语。
印制线路：在绝缘基材表面提供元器件（包括屏蔽元件）间电气连接的导电图形称为印制线路。

E.1.2 分类

按所用基材性质可以分为刚性和挠性印制板及刚性－挠性结合的印制板。
按导体图形层数可以分为单面板，双面板及多层印制板。单面板是指一面具有导体图形的印制板，双面板是指两面具有导体图形的印制板；多层板是由三层以上，交替的导体图形层和绝缘材料层，层压粘合而成一块印制板，通常由孔金属化实现电气互连。

E.2 印制板在电子设备中的地位和作用

印制电路的出现与发展，给电子工业带来了重大的改革。它是以绝缘板为基材加工成一定尺寸的板，在其上面至少有一个导电图形及所有设计好的孔（如元件孔、机械安装孔及金属化过孔等），以实现元器件之间的电气互连的组装板。是各种电子设备、仪器中不可缺少的部件。为了提供集成电路间电气互连，就要使用印制板。综合它们的作用主要有：
① 为电路中各种电子元器件提供固定位置和装配的机械支撑；
② 将全部线路汇集在基板上，代替错综复杂的布线，提供必要的电气连接和绝缘；
③ 为自动锡焊提供阻焊图形，为元器件插装、检查、维修提供识别字符和图形，有利于装配生产自动化，焊接的机械化和自动化；
④ 降低电子设备的成本，提高产品质量。由于电子产品采用印制板，同类印制板的一致性、重复性好，避免了人工接错线，又便于维修，还可实现自动插装，自动焊锡，自动检测；保证了电子设备的质量，提高了劳动生产率，降低了生产成本。

E.3 印制板技术水平的标志

现代印制电路技术水平，是以在 2.50mm 或 2.54mm 的标准坐标网格交点上的两个焊盘间所布设导线的根数为标志的，也就是以线宽、间距、焊盘、孔径、层数等作为标准的，见表 E-1 所列印制电路技术水平等级表。

表 E-1 印制电路技术水平等级表

	中心距	焊盘直径	孔径	线宽
一级	2.54	1.5	0.8	0.3
二级	2.54	1.3	0.8	0.2
三级	2.54	0.8	0.5	0.1

在两个焊盘之间布设一根导线，为低密度印制板，其导线宽度大于 0.3mm，按国家标准为一级水平；在两个焊盘之间布设两根导线，其导线宽度为 0.2mm，为中密度印制板，二级水平；在两个焊盘之间布设三根导线，为高密度印制板，其导线宽度为 0.1～0.15mm，三级水平。若在两个焊盘之间布设四根导线，为超高密度印制板，线宽约为 0.05～0.08mm，根据有关报道，有的国家已能在两个焊盘之间布设五根导线。对于多层板，还应以孔径大小，层数的多少作为综合衡量标志。

E.4 印制电路板制造工艺

印制电路工艺发展迅速，制造方法也很多，下面简单介绍几种主要的方法。

E.4.1 单面印制板

制作印制板的基材一般可用酚醛纸基覆铜箔板，也可以用环氧纸基或环氧玻璃布覆铜箔板。由于单面板图形一般比较简单，可以采用光化学法生产；产品数量大的可以采用丝网漏印正相图形，然后进行蚀刻。其工艺流程如图 E3-1 所示。

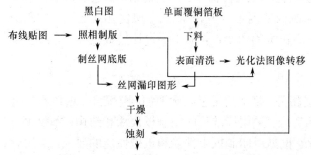

图 E.1 工艺流程原理图

E.4.2 双面印制板

通常采用环氧玻璃布覆铜箔板为基材,主要用于性能要求较高的通信电子设备,高级仪器、仪表及电子计算机。双面印制板的制造工艺一般分为工艺导线法,堵孔法,掩蔽法和图形电镀—蚀刻法。20 世纪 60～70 年代制造孔金属化双面印制板的典型工艺是图形电镀-蚀刻法工艺,称为标准工艺。后又发展一种裸铜覆阻焊膜工艺，称为 SMOBC 工艺，是 20 世纪 80 年代逐渐发展起来的新工艺，特别是在精密双面板制造中已成为主流工艺。

制造 SMOBC 板的方法很多，有标准图形电镀减去法再退锡铅；用浸锡等代替电镀铜锡减去法，堵孔或掩蔽孔法，还有加成法等的 SMOBC 工艺。图形电镀法再退锡铅合金的 SMOBC 工艺流程与图形电镀-蚀刻法工艺相似，只在蚀刻后流程有所变化。工艺流程为：

双面覆铜箔板→下料钻孔→孔金属化→全板电镀铜→检验→刷板→图像转移(贴干膜或网印)→曝光显影（或固化）→检验修版→图形电镀铜→曝光显影（或固化）→检验修版→图形电镀铜→图形电镀锡铅合金→去膜（或去印料）→检验、修版→蚀刻→退锡铅合金→电气通断检测→清洁处理→印阻焊图形→插头镀镍、镀金→热风整平→清洗→网印标记符号→外形加工→清洗干燥→检验→成品。

因此 SMOBC 工艺，首要的是先制出裸铜孔金属化双面印制板，再应用热风整平工艺。它的主要优点是解决了细线条之间焊料桥接短路现象，同时由于锡铅比例恒定，比热熔板有更好的可焊性和储藏性。

E.5 印制板设计的一般性考虑

运用 Protel 就能完成由电路原理图设计出实用的印制电路板版图。

印制板设计前首先要考虑它的可靠性，工艺性和经济性。

1. 可靠性

印制板的可靠性是影响电子设备可靠性的重要因素。影响印制板可靠性的因素首先是印制板的形式，其次有基材方面的，也有工艺方面的。经验证明，单面板和双面板能够更多地满足电性能的要求，可靠性较高，是设计者的首选。随着大规模集成电路的发展，电子设备不断向小型化、微型化发展，一些高密度要求的设计则采用多层印制板。

2. 工艺性

设计者应当考虑所设计的印制板的制造工艺应尽可能简单。一般说来，制造层数少而密度高的印制板比制造层数较多而密度较低的印制板要困难得多。一般在金属化孔互连工艺比较成熟的情况下，宁可设计层数较多、导线和间距较宽的印制板，而不要设计层数较少、布线密度很高的印制板。

3. 经济性

印制板的经济性与其制造工艺方法直接相关，复杂的工艺必然增加制造费用。所以在设计印制板时，应考虑和选用的制造工艺方法相适应。采用标准化的印制板尺寸和结构，不仅可以减少工模夹具的费用，而且可以使工艺简化。根据对印制板电性能和机械性能的要求，选用合适等级的基板材料，是降低造价的因素之一。

在某些特殊场合，运用巧妙的设计技术，例如，柔性印制电路和柔性与刚性印制电路相结合的设计，不仅可以节省材料，而且可使装连技术简化，减少电子设备的体积和重量。

E.6 电路板板材的选用

印制电路板的基板材料是覆铜箔层压板。其种类有单面，双面和柔性覆铜箔层压板。常用的覆铜箔层压板有酚醛纸质覆铜箔层压板,环氧纸质覆铜箔层压板,环氧玻璃布覆铜箔层压板,环氧酚醛玻璃布覆铜箔层压板,聚四氟乙烯玻璃布覆铜箔层压等。对于收音机和电视机等民用电器,通常选用纸质覆铜箔层压板,价格低。对于工作温度较高、工作频率较高的电子设备选用环氧玻璃布覆铜箔层压板,它具有较高的工作温度,在 260℃的熔融焊料中也不会分层、起泡,受潮湿影响小。超高频电路板最好使用覆铜聚四氟乙烯玻璃布层压板,它具有优良的电性能和化学稳定性。它的工作温度范围宽,通常在−230～260℃之间,介电常数低,介质损耗小,是制造高频微波印制电路板的理想材料。制造挠性印制电路用的基材最好是聚酰亚胺、聚四氟乙烯等。在要求阻燃的电子设备上,还需要阻燃的电路板。

E.7　机械结构

印制板是各种电子元件和器件的机械支撑体。它的作用一方面是准确地安装和焊接这些零件,尤其是对于自动插装电子元件,印制板的结构尺寸的准确性更为重要;另一方面是能够承受所有零件的重量而不变形。

1. 厚度

常见的电路板的厚度有 0.5mm,1mm,1.5mm,2mm,3mm 等。

对印制板厚度的选择,主要考虑它对所有电子元件和器件重量的承受能力,以及与插座的良好接触。在各类电子设备和仪器中,一般选用 1.5mm 厚的印制板。因为这种厚度的印制板足以支持集成电路中、小功率晶体管、电阻、电容等的重量,即使印制板面积大到 500mm×500mm 时,也没有问题,大量的插座都是和这种厚度的印制板配套使用的。

电源用的印制板厚度则要厚一些,因为它要支撑较重的变压器、大功率器件等,一般可用 2.0～3.0mm 的厚度。至于一些小型电子产品,例如电子计算器和电子手表,则选用 0.5mm 或更薄一些就足够了。

2. 形状和大小

印制板的外形应尽量简单,一般为长方形(或正方形),尽量避免采用异形板,以使加工工艺简单、降低加工费用。印制板的外形尺寸大小首先是由机箱外壳和电路的复杂程度、元器件的大小、电气性能,以及调试维修方便等原则来决定的,以满足最佳性能的要求(电气的和机械的)。通常先考虑机箱外壳和面版对外形尺寸形状的限定,再考虑良好散热和不引起干扰的同时尺寸尽可能小,以降低噪声和成本。在禁止布线层中画出的布线范围就是电路板的尺寸。

3. 孔径和焊盘大小的选择在焊盘的属性中设定

元件孔应设置连接盘,安装孔不必设置连接盘。 通常焊盘中心孔 d 要比器件引线直径稍大一些(通常大 0.1～0.2 mm)。焊盘太大易形成虚焊。焊盘外径 D 一般不小于(d+1.2)mm。对高密度的数字电路,焊盘最小直径可取(d+1.0)mm。在同一块印制板上,可能有各种大小的孔径。

对于金属化过孔的要求,一般为 0.5～1.3mm。金属化孔的最小孔径是由板厚/孔径比确定的。一般认为板厚与孔径的比值不得大于 3∶1。

4. 印制插头

印制插头可从标准库中调入,它是保证印制板上的电路与外部连接的重要部位。因此它与插座的电接触必须可靠,接触电阻必须最小,一般通过表面镀金来保证。

E.8 电设计考虑

印制板的电气特性包括板材的电气特性和导电图形的电气特性。在选用板材的种类要根据板材的特性指标加以考虑。印制板在设计时要考虑电阻、电压、电容干扰等问题。

1. 印制导线的电阻

导线的电阻与敷箔材料的电阻率、敷箔厚度、导线宽度及长度有直接的关系。

在许多情况下，导线电阻直接影响全板的电气性能。如高频电路中，为减小地阻抗，地线应有足够的宽度；在载频工作的模拟放大电路中，印制板上铜导线电阻特性的改变，引起信号电平的变化，而几毫伏电平的变化，可能导致电路工作点的严重变化或漂移；导线的电阻偏大时（导线过细或过长）都会影响导线的载流量，致使导线升温。如电源线和接地线电流负载较大时，应对导线的载流量进行计算；在快速饱和逻辑电路中，由于布线密度较大，如采用 0.25mm 的线宽和间距虽能满足载流量的要求，但对导线的长度仍应根据电阻率定律和工作温度范围进行适当的计算。表 E.2 为导线宽度与电阻的关系。

表 E.2　0.05mm 厚的导线宽度与电阻的关系

线宽 （mm）	0.5	1.0	1.5	2.0
电阻 （Ω/m）	0.7	0.41	0.31	0.25

2. 导线的电感、电容和特性阻抗

印制板的某段导线上的电感和电容，主要与它们所处位置，周围存在的导线及电感和电容性元件有关。例如，导线附近是否存在强电感性的变压器等；是否与相邻导线近而平行，以及与接地导线的间距是否过近等。导线间的电容与线本身的宽度、间距大小、铜箔厚度、绝缘板厚度以及板材的介电常数等有关。

某些电子设备对某些导线要求有相同的传输特性和阻抗，以克服可能造成的传输延迟。这就要求在导线布设时进行预先设计，如采用不连续的接地面和网状接地线，加工在双面印制板要求相同传输特性的导线背面，甚至将所有导线都分布在印制板网格状地线的背面上，并且注意导线的走线形状，使加工的导线边沿平直，弯角的形状和应该弯角处都应精心布设。这样可使信息在印制导线上的传输效果与屏蔽线中的传输接近。

3. 串扰和振荡

在相邻的信号传输线中，当其一根通入信号时，在另外的导线上也串入信号，这种现象称为串扰。电路的频率越高，串扰现象越严重。在设计高频电路时，尤应注意。

由印制电路布线设计带来的线间信息干扰，对不同类型的电子电路有不同的影响。在一般情况下，干扰信号的大小（电平的大小）是由印制板线间距离、导线宽度、平行走线长度、导线形状、串扰信号波形的前沿速度及脉冲幅度持续的时间等所决定的。此外，印制板加工过程中化学污染和导线边沿形状（如锯齿状边沿）等也可能增强信号的干扰。在布线设计中为了尽可能地减小或克服电路的串扰、振荡，一般应遵循如下六条原则。

（1）采用最短的导线，即根据电路的特性阻抗来确定导线的长度，并且通过一定计算加以控制。

（2）相邻导线的串扰，用改变印制板走线的方式来控制。例如：双面印制板采用两面垂直走线，或缩短两平行导线的长度以降低耦合信号的强度。

（3）对大电流或大信号的导线采用接地屏蔽来克服串扰。

（4）在布线面积允许的情况下，将全部传输信号安置在多层屏蔽隔离层之间，在信号线周围用"小岛图"的接地线进行线间隔离。

（5）重视地线系统的布线，因为地线是不平衡传输回路，又是各电路的公用回路。当地线阻抗较高时，易产生地线杂音。为减少地线杂音，将地线布成点状、网格状或者多层，以增加地线的层。

（6）电源引起的电源杂音，一般采用降低电源线阻抗、使用旁路电容来解决。

4．线间距离

在一般情况下，导线的间距越宽，印制板导线间的抗电强度越高。但在微小型化设备上，由于布线面积的限制，线间距离不可能过大。尤其在导线间存在高电位梯度时，必须考虑线间距离对抗电强度的影响。印制导线间的击穿将导致基板表面的炭化、腐蚀或破坏。在高频电路中，线间距离将影响分布电容的大小，从而影响电路的损耗和稳定性。因此，线间距离应根据抗电强度和分布电容的大小来确定。

5．分布电容

如前所述，分布电容的大小不仅与印制导线的间距有关，还与基板材料的介电常数，工作频率以及表面污染、涂覆、工作时的气候条件等有关。

（1）印制板绝缘基材的介电常数对分布电容影响较大。固体的绝缘材料有无机绝缘材料和有机绝缘材料两种，这些材料中按性能分又有中性、极性、强性等种类。一般使用的环氧树脂及酚醛树脂板材都属于极性材料。聚四氟乙烯、双氰胺板材等属于中性材料，则几乎不产生极化现象。分布电容 C 与介电常数 ε 成正比 $C=\varepsilon C_0$。板材的介电常数值越大，形成的分布电容也越大。

（2）在线间距离相等的条件下，导线越宽，导线间的分布电容越大，反之则小；在导线宽度相等的条件下，线间距离越大，则导线间的分布电容越小，反之则大。

（3）印制导线布设位置是否合理，其分布电容的差异也很大。实践证明：在相同的板材上制出同一电路布设的不同形状的印制导线，这些图形中相互对应点的分布电容是有很大差异的。对于极性材料作基材的线路板，这种差异更为显著。

（4）热冲击对分布电容的影响，实质是热冲击对板材的热破坏而影响到板材的介电常数，使板材的 ε 值增大，从而使线路的分布电容加大。

6．屏蔽

电子设备内部干扰的产生，是由于设备内部存在着寄生耦合。寄生耦合是电路与电路之间客观存在的电和磁的联系。在布线设计中考虑元件的布设、导线的走线及屏蔽。使电磁能量限制在一定的范围内，将干扰控制在最小程度上。

实际上，干扰现象的产生往往是非常复杂的，可能是几个感应源通过几种寄生耦合形式同时作用于一个受感器上。在这种情况下，应当采用各级电路的地线布成封闭回路的布线方式进行各级屏蔽，但应注意分布电容的增大。

E.9　元件布局原则

印制线路板上元器件的布局，实际上就是印制电路的布局。其一般原则如下。

（1）在通常条件下，所有元器件均应布置在印制线路板的一面上，而且把元器件印有型号、规格铭牌的那一面朝上，以便于检查、加工、安装和维修。在元器件与印制板之间留1~2mm的间隙。

（2）版面上的元器件，尽量按电路原理图顺序成直线排列，并力求电路安排紧凑、密集、整齐，各级走线尽可能近，且输入、输出走线不宜并列平行。这点对高频和宽带电路尤为重要。

（3）在保证电气性能前提下，元件应相互平行或垂直排列，以求整齐、美观。一般情况下，不允许将元件重叠起来。若为了紧缩平面尺寸，非重叠放置不可，则必须把元件用机械支承件加以固定。

（4）倘若由于版面所限，无法在一块印制板上安装全部电子元器件，或者出于屏蔽之目的必须把整机分成几块印制板安装时，则应使每块装配好的印制电路构成独立的功能，以便单独调整、检验和维修。

（5）为便于缩小体积或提高机械强度，可在主要的印制板之外再安装一块乃至多块"辅助底板"，它可以是金属的，也可以是印制板或绝缘板。将一些笨重器件，如变压器、扼流圈、大电容器、继电器等安装在辅助底板上，并利用附件将它固紧。

（6）对辐射电磁场较强的元件，以及对电磁感应较灵敏的元件，安装的位置应避免它们之间相互影响。可以加大它们相互之间的距离，或加以屏蔽。元器件放置的方向，应与相邻的印制导线交叉。特别是电感器件，要特别注意采取防止电磁干扰的措施。

（7）对发热元器件，应优先安排在有利于散热的位置，必要时可以单独设置散热器，以降低温度和减少对邻近元器件的影响。晶体管、整流元件的散热器可以直接安装在它的外壳上，也可以把散热器设法固定在印制板、机壳或机器底板上。大功率的电阻器，可以用导热良好的1~3mm厚的铝板弯成圆筒，紧贴电阻器壳体，并给予固定，以利散热。

（8）对热敏元件应远离高温区域，或者采用隔离墙式的结构把热源与其断开，以免受发热元件的影响。

（9）重而大的元件，尽量安置在印制板上靠近固定端的位置，并降低重心，用以提高机械强度和耐振、耐冲击能力，以及减少印制板的负荷和变形。

（10）一般元件可直接焊在印制板上，但当元件超过15g或体积超过27cm^{3}时，则应考虑增设金属紧固件固定，以提高耐振、耐冲击的能力。

（11）地线（公共线）不能做成闭合回路。在高频电路中，可以采用大面积接地方式，以防电路自激。

（12）一些功耗大的集成电路、大或中功率管、电阻等元件，要布置在容易散热的地方，并与其他元件隔开一定的距离。

（13）需要通过印制插头与外部电路相连的元件，尤其是产生大电流信号或重要脉冲的集成电路块，应尽量布置得靠近插头的板面上。

（14）时钟脉冲发生器及时序脉冲发生器等信号源电路，在布局上应考虑有较宽裕的安装位置，以减少和避免对其他电路的干扰。

（15）装在振动装置上的电子电路，印制板上的元件轴向应与机器的主要振动方向一致。

（16）为了提高装置的可靠性，应当尽量减少整个装置所用的印制插件与插座间的接触点、底板连接线和焊点等，能用一块大些的印制板解决问题的，不要分布两块或更多的小块。

确定印制板尺寸的方法：首先按机箱及面板等对印制板的限定要求（若无此限定则按矩形长宽比为3∶2或4∶3）画好边框。再把决定安装在一块印制板上的集成块的其他元件，全部按布局要求排列其上。排列时要随时注意使形成的印制板的长宽比符合或接近实际要求的长宽比，各个元件之间应空开一定的间隙，一般为 5～15mm，有特殊要求的电路还应放宽，间隔太小，将使布线困难，元件不易散热，调试维修不方便；间隙太大，印制板的尺寸就大，由印制导线电阻、分布电容和电感等引起的干扰也就增加。待全部元件都放置完毕，印制板的大致尺寸也就知道了。如形成的印制板长宽比与实际要求有出入，可在不破坏布局的前提下，对长宽比进行适当的调整。

E.10　布线原则

印制板布线应满足下列要求：

（1）印制导线可以布置成单面、双面或多层，但应首先选用单面，其次是双面；在仍不能满足设计要求时，再选用多层。

两面的导线宜互相垂直、斜交，或弯曲走线，应避免相互平行，以减小寄生耦合。

（2）作为电路的输入和输出端用的印制导线应尽量避免相邻平行，以免发生反馈，在这些导线之间最好加接地线。

（3）在布线密度比较低时，可加粗导线，信号线的间距也可适当加大。

（4）印制导线的布设应尽可能短，特别是电子管的栅极，半导体管的基极和高频回路等更应短。

（5）印制导线拐弯一般应成圆形，而直角和尖角在高频电路和布线密度高的情况下会影响电气性能。避免连接成锐角和大面积铜箔，如 E.2 图所示。

合理布线　　　　　　　不合理布线

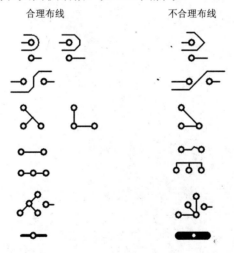

图 E.2

（6）高精度、高密度的印制线路中，导线宽度和间距一般可取 0.2～0.3mm。

（7）对高、低电平悬殊的信号线应尽可能短，并且要加大间距。

（8）印制导线的屏蔽和接地，公共地线应尽量布设在印制线路板的边缘部分。在印制线路板上应尽可能多地保留铜箔做地线，这样得到的屏蔽效果比一长条地线要好，传输特性和屏蔽作用将得到改善，并且起到减少分布电容的作用。

多层印制可采取其中若干层做屏蔽层。电源层、地线层均可视为屏蔽层，地线层和电源层一般布设在多层印制板的内层，信号线布设在内层和上层，以减少层间干扰。

（9）高频电子线路，高速电子计算机使用的印制板，如果要对印制导线的分布参数（电感、电容、特性阻抗等）加以控制时，应根据印制板的结构参数（层数、绝缘层厚度、屏蔽情况、基板厚度等）的具体情况，试验和计算结果进行设计。

（10）印制导线在不影响电气性能的基础上，应尽量避免采用大面积铜箔。如果必须用大面积铜箔时，应当局部开窗口，因为大面积铜箔的印制板在浸焊或长时间受热时，铜箔与基板间的黏合剂产生的挥发性气体无法排除，热量不易散发，以致产生铜箔膨胀和脱落现象。

其他图形布线要求如下。

（1）布线区域：布线设计时，必须规定印制板合理进行布线的范围。这个范围受印制板的制造条件限定，还受导轨槽和螺钉等装配上的条件限制。为了防止由于外形加工引起边缘部分的缺损，规定印制导线与印制板边缘的距离应大于板厚。

（2）检测孔：检测位置一般在印制板 A 面顶端，它是用于观察印制板内某信号的。检测孔的顺序编号方向与印制插头的编号方向相同。

（3）过线孔：过线孔是用于导线转接的一种贯穿的金属化孔。过线孔孔径大小可与元件装配孔的尺寸相同或更小。

（4）元件孔、安装孔的设计：元件孔应设置连接焊盘，安装孔不必设置连接焊盘。